现代多元

MODERN ARCHITECTURE

中国建筑西北设计研究院有限公司
屈培青工作室建筑设计作品集

QU PEIQING STUDIO
ARCHITECTURE DESIGN PORTFOLIO

主编　屈培青　（下篇）

中国建筑工业出版社

图书在版编目（CIP）数据

现代多元 中国建筑西北设计研究院有限公司屈培青工作室建筑设计作品集(下篇) / 屈培青主编 . —北京：中国建筑工业出版社，2016.8
ISBN 978-7-112-19589-3

Ⅰ.①现… Ⅱ.①屈… Ⅲ.①建筑设计—作品集—中国—现代 Ⅳ.①TU206

中国版本图书馆CIP数据核字（2016）第159664号

责任编辑：费海玲　焦　阳
责任校对：李欣慰　关　健

现代多元　中国建筑西北设计研究院有限公司
屈培青工作室建筑设计作品集（下篇）
主编　屈培青
*
中国建筑工业出版社出版、发行（北京西郊百万庄）
各地新华书店、建筑书店经销
北京方嘉彩色印刷有限责任公司印刷
*
开本：787×1092毫米　1/12　印张：16　字数：550千字
2016年8月第一版　2016年8月第一次印刷
定价：175.00元
ISBN 978-7-112-19589-3
　　　　　　（29102）

序 言
PREFACE

　　展现在读者面前的两册精美的建筑图集是中国建筑西北设计研究院屈培青工作室的系列作品。内容丰富多彩，形式新颖多样，为三秦大地增光添彩。屈培青工作室成立于 2010 年，西部大开发的建筑发展为建筑师提供了非常难得的机遇。总师工作室的出现是将企业品牌、总建筑师的知名度及总师团队三者有机结合，充分发挥企业和个人的品牌效应，提高建筑作品的精品意识。

　　屈培青工作室一经成立，屈总就把十几年探索西部地域文化，创作传统民风建筑作为他和工作室的研究方向和特色。他们不受建筑追风的影响，能够沉下心刻苦钻研，依托于对地域文化的思考，潜心研究关中民居建筑和民风建筑，坚持走原创之路，并把这些民风建筑定位为城市的绿叶，甘当绿叶配红花的角色。他带领工作室的一批主创设计师和历届研究生团队深入到关中民居村落中，考察了大量的地方建筑。从非常熟悉的关中民居中提炼建筑文化及元素。其民风建筑作品在尊重历史的同时赋予了新的建筑内涵，从现代建筑中折射出传统建筑的神韵和肌理。这是一条很艰辛的道路，在这条创作道路上，他们有过彷徨和困惑，但是由于热爱和执着，他们坚持了下来，而且在寻路的征程上，不断有新鲜的血液注入这个队伍中来。通过十几年的研究和创作，他们不断走向成熟，成为一支具有较强方案创作实力和综合工程设计能力的青年团队。十几年来他们获得省部级奖 20 多项。其中贾平凹文化艺术馆、延安鲁迅艺术学院及中国革命艺术家博物馆、照金红色文化旅游名镇、韩城古城保护、北京大学光华管理学院（西安分院）、楼观台道教文化展示区、丰县汉皇祖陵文化景区等一批地域文化的作品受到了业界关注。

　　屈培青教授出身于建筑世家，从小成长在中建西北院大院，设计院的文化和家庭的熏陶对他的影响很大，他子承父业选择了喜欢的建筑专业，圆了他儿时的建筑梦。当他学业有成回到中建西北院后，能够虚心拜前辈为师，刻苦学习，不断积累，在创作过程中他始终重视建筑创作的精品意识，孜孜以求，精益求精，三十多年来他主持设计的几十项大型工程，每个项目从方案原创到工程设计，他都认真负责，在工程设计和建筑理论方面具有较高造诣。他严谨的工作作风和优秀的建筑作品得到了同行和业主的认可和好评，也使很多业主慕名找他主持项目设计。

　　屈培青工作室这个创作团队之所以能创作出一批批优秀的建筑作品，也源于院校结合联合办学的模式，屈培青教授不仅是一名优秀的建筑师，还是一名优秀的研究生导师，在西安建筑科技大学、西安交通大学、华侨大学三所高等院校兼任硕士研究生导师。首先，他在建筑创作和建筑艺术上有很扎实的基本功，特别是在建筑画和徒手草图表现方面，经过长期刻苦历练，形成了自己独特的建筑画风格，而且他在带研究生过程中特别注重学生的建筑绘画和艺术修养基本功，为学生建筑创作打下了很好的专业基础。同时他把研究生工作室和屈培青工作室很好的结合，带领研究生在实践中学习，将研究课题、实际工程和教学通过产学研整合为一体，既保证学生学习研究的实际课题，又提升建筑作品的理论水平，走出一条学院与设计院联合办学的创新之路。 根据我们了解，屈培青教授 12 年里共招收研究生 90 名，这也是全国高校建筑学院招收研究生人数很高的导师，而且经过他指导的研究生专业能力和综合能力都很强，有一批优秀的青年建筑师已经成为院和工作室主创设计师。他将人才梯队的培养和地域文化的传承有机地结合，保证了这个创作团队创作出一批批优秀的建筑作品，这是一支具有较强方案创作实力和综合工程设计能力的青年团队，特别是对工作的敬业精神，不管是 100 万平方米的超大型项目，还是时间紧急的省市重点工程，只要他们拿到设计任务，就会发扬团队合作精神，从设计质量到设计进度，都能达到甲方提出的要求并按时完成，被甲方称为一支能打硬仗的队伍。

　　屈培青从事建筑创作和建筑设计已经有三十多年，他在学术上不断进取，在专业上执着追求，在工程设计领域取得了卓著成绩，从一名优秀的建筑师成长为中建西北院总建筑师，成为陕西建筑界中青年建筑师学术带头人，并入选陕西省"三五人才工程"（享受政府特殊津贴）。他通过十几年的辛勤耕耘和研究，带领一批优秀的青年建筑师团队，在建筑创作和民风建筑领域中取得了很多成果，这也是探索古城西安新民风建筑的一条创新之路。目前屈培青工作室在传统建筑、民风建筑、现代建筑、中小学建筑和居住建筑等方面创作了一批批优秀的建筑作品。人到中年，名满长安。屈培青工作室已是中建西北院一个创品牌的团队。

　　这两册建筑图集，既是前进脚步的印迹，又是创作大厦的基石，前景光明，前途无限。预祝屈培青工作室在"实用、经济、绿色、美观"的建筑方针指导下，再创新辉煌，阔步向前进。

张锦秋　　　　　　　　　　　　　　韩骥
中国工程院院士　　　　　　　　　　西安市规划委员会总规划师
中国工程建设设计大师　　　　　　　清华大学兼职教授
中国建筑西北设计研究院有限公司总建筑师　　建设部城乡规划专家委员会委员

屈培青

中国建筑西北设计研究院有限公司	院总建筑师
屈培青工作室	工作室主任
国家一级注册建筑师　　教授级高级建筑师	

学术职务：

中国建筑学会建筑师分会	理事
中国建筑学会建筑师分会人居环境专业委员会	副主任委员
中国建筑学会	资深委员
中国城市规划学会居住区学术委员会	委员
西安市规划委员会专家咨询委员会	委员

社会职务：

西安建筑科技大学	建筑学院	兼职教授，硕士研究生导师
西安交通大学　人居环境与建筑工程学院		兼职教授，硕士研究生导师
厦门华侨大学	建筑学院	兼职教授，硕士研究生导师

1984 年评定为陕西省新长征突击手
1998 年入选陕西省"三五人才工程"享受政府特殊岗位津贴
2010 年评为陕西省优秀勘察设计师

Qu Peiqing

· Chief Architect, China Northwest Architectural Design and Research Institute
· Director of Qu Peiqing Studio
· National 1st Class Registered Architect
· Professor of Architecture

Professional Experience：
· Director, Institute of Chinese Architects, Architectural Society of China
· Vice Dean of Human Settlements Council, Architectural Society of China
· Senior Member, Architectural Society of China
· Member of Academic Housing Committee, Urban Planning Society of China
· Member of Advisory Committee, Urban Planning Commission of Xi'an

Professional Affiliations:
Adjunct Professor,Master's Supervisor
· College of Architecture, Xi'an University of Architecture and Technology
· School of Human Settlements and Civil Engineering, Xi'an Jiaotong University
· School of Architecture, Huaqiao University

· Assessed as the new Long March of Shaanxi province in 1984
· Selected in THIRD FIVE TALENTS PROJECT of Shaanxi province in 1998 and received special government allowance
· Assessed as the outstanding designer in Shaanxi Province in 2010

主编：
屈培青

编委：
张超文　常小勇　徐健生　阎飞　王琦　高伟　魏婷　刘林
朱原野　高羽　张文静　张雪蕾　高晨子　何玥琪　屈张

Chief Editor:
Qu Peiqing

Editor:
Zhang Chaowen, Chang Xiaoyong, Xu Jiansheng, Yan Fei, Wang Qi, Gao Wei, Wei Ting, Liu Lin, Zhu Yuanye, Gao Yu, Zhang Wenjing, Zhang Xuelei, Gao Chenzi, He Yueqi, Qu Zhang.

前 言
FORWORD

　　我作为院总建筑师，几十年来带领我们的创作设计团队一直坚持地域文脉和民风建筑的研究和创作。在 2010 年，中建西北院又为我们中青年建筑师提供了最好的创作平台，成立了屈培青工作室，工作室发展到今天已经有 60 余人。其中院总建筑师 1 名，所总建筑师 3 名，所总工程师（结构）2 名，主创设计师 5 名，主设建筑师 6 名，主设工程师 1（结构）名，团队中博士、硕士生已达工作室总人数的 70%，目前工作室创作方向和作品已扩大到 6 个版块：1. 传统建筑保护与设计；2. 中式民居和民风建筑设计；3. 现代博览、酒店、办公建筑设计；4. 中小学建筑设计；5. 居住区规划及住宅设计；6. 绿色建筑及被动房建筑设计研究。

　　工作室先后还成立了两个专项研究中心，即《关中民居研究中心》和《中小学研究中心》。研究中心由工作室总建筑师、主创设计师和在读研究生组成，将研究课题与实际项目相结合，实践项目为研究生提供了研究课题，而理论研究又为实践项目提供了创新方向和设计深度。这种良性循环使工作室形成了明显的优势，提高了核心竞争力。

　　工作室坚持以"创品牌、做精品"为主导思想，努力为社会奉献优秀的建筑作品，十几年来我们完成了贾平凹文化艺术馆、延安鲁迅艺术学院及中国革命艺术家博物馆、照金红色文化旅游名镇、韩城古城保护、北京大学光华管理学院（西安分院）、楼观台道教文化展示区、丰县汉皇祖陵文化景区、唐城墙新开门遗址保护等一批地域文化的作品。获得省部级奖 20 多项。

　　作为院总建筑师和工作室的带头人，我本人 30 多年的设计实践生涯亦是一个逐渐圆梦、耕耘、传承的过程。从我一个人在圆建筑之梦传承扩大到了一个团队在筑梦。这也反映出中建西北院企业文脉的传承。我生活在一个建筑师之家，我的外祖父是我们家第一代建筑师，1955 年响应国家支援大西北的号召，与上海华东院一批建设者们从上海举家迁到西安，在中建西北院工作；我的父亲是第二代建筑师，1955 年大学毕业后响应国家号召也分配到中建西北院工作，从此，我们家扎根大西北、心系西北院 60 年。我在西北院的大院儿长大，看着大人们绘画和设计大楼，我从小就梦想成为一名建筑师，传承外祖父和父亲的专业，设计自己喜欢的房子。后来我真的成了一名建筑学专业的大学生，大学毕业后回到了熟悉的西北院，成为我们家第三代建筑师。

　　但是，从实现梦想到超越梦想要经历漫长的学习积累和不断探索。在我的建筑师职业生涯中，有院领导的支持和信任，有前辈的教导和辅佐，有同行的关心和呵护，使我的创作之路一步一步夯实。特别是张锦秋院士和韩骥老师对我的点拨，在 2000 年全国设计市场一片繁荣的年代，两位老师就告诫我要静下心来刻苦钻研，从创作方向去研究我们西北的地域文化和民风建筑。从那时开始我就潜心研究和辛勤耕耘，把这个目标作为自己的研究方向。但是要研究需要做扎实的调研工作和刻苦的钻研精神。

　　十几年来，我在做建筑创作的同时，还担任了西安建筑科技大学、西安交通大学、厦门华侨大学三所高校的硕士生导师，从 2004 年开始我共计招了 90 名硕士研究生，目前 60 多名毕业生已成为各大设计院的青年骨干。其中有 40% 的毕业生毕业后直接招聘到我的工作室工作。在研究生培养过程中，我特别关注学生的刻苦学习态度，注重培养学生对工作的责任心。在这个基础上我培养学生对建筑创作的兴趣，提高他们的建筑表现力和建筑艺术修养，带领学生参加实际工程设计，在实践工程的学习中掌握建筑创作的基本方法和综合设计能力。使他们毕业后就具备认真的工作态度、严谨的工作作风和直接参加建筑创作及实际工程设计的能力。通过带研究生我培养了一个很强的创作团队和一批优秀的青年主创建筑师。我将研究生的教学培养和建筑创作结合为一体，学生在学习阶段既有实践课题做研究，又拉近了院校之间培养学生的距离。设计院既能够抽出一部分主创建筑师与学生们一起针对研究课题为设计做更深入的调研，又能保证设计任务的顺利完成。特别是在研究关中民居和民风建筑创作过程中，很多实际项目前期方案由我带领我们的主创建筑师和研究生团队当作研究课题去做，待后期方案成熟后我再带领建筑师完成工程设计，这就将研究和设计很好地结合与转换。

　　我认为我们工作室这个创作团队之所以能创作出一批批优秀的建筑作品，一是靠中建西北院央企的品牌支撑，二是甲方对我们老总的认可度及我对项目认真负责的态度，三是我们这个团队高水平的创作能力和优秀的服务意识，这三者的集成，缺一不可。回顾 30 多年的设计生涯，能够圆梦非常欣慰。但更让人感到欣慰的是我和团队能够从一开始就选择了走民风建筑这条创作之路。多年耕耘让我们认识到只有民族的才是永久的，传统与现代的结合不是简单的叠加，而是要去寻找、研究其内涵并加以提炼。我们会沿这条路一直走下去。

中国建筑西北设计研究院有限公司 总建筑师

CONTENTS 目录

现代多元

兵器博物馆

GRAZ LANDESZEUGHAUS

建设单位：西安经济技术开发区管委会
建筑规模：地上 2~3 层，地下 1 层
建筑面积：总建筑面积 29230m²
方案设计：屈培青 窦勇 阎飞 王琦 罗尚丰 张良
工程设计：屈培青 窦勇 李大为 王琦
　　　　　单桂林 常军峰 黄惠 闫明
获奖情况：中国建筑西北设计研究院优秀方案
　　　　　一等奖

项目简介：

兵器博物馆位于泾渭工业园，在兵器产业基地生产区内，总占地面积约 240 亩，总建筑面积 32000m²。按照"集约式布局、层次化展示，生态化形象"的设计原则，注重城市建设与兵器特征相结合，从而打造兵器工业的知名品牌，把兵器工业博物馆建设成为一个功能完备、形象独特、环境优美、设施现代的功能区。

中国的兵器工业经历了七八十年的历史发展过程，今天已形成了高科技、高尖端、多兵种现代化的武器装备，在兵器产业基地建造兵器博物馆，我们从以下两部分来确定博物馆的功能及目标。

方案创作构思：

从总体布局上，作为以兵器实物为展示对象的博物馆，将大型武器的室外展场和中小型武器的室内展馆有机结合。

在建筑总体布局中，我们主要从入口—前展区—主馆区—后广场四大区域有序展开。第一部分在主入口处，我们首先设计有具备冲击力的景象雕塑——一颗放大比例的子弹射入平静水面的瞬间，用瞬间定格的动态视觉感受表达出战争与和平中那脆弱的平衡。第二部分，从博物馆入口到主馆，有一条长 280m 的步道及室外展示区，步道采用松散碎石铺装，在步道两侧展示区通过战壕的形式将大型重武的装备和若干组行军的人物雕塑有机组合成一处处场景，人们通过步行在松散的碎石路上，深入战壕参观左右两侧的真实武器及人物雕塑，感受战争的气氛，并逐步接近博物馆主馆。

第三部分，作为以兵器展示为主体的博物馆，如何最大限度地体现兵器的特点，我们从兵器所传递给人的冰冷、威严的气质特征入手，用"岩石"的体块象征手法，来表达兵器博物馆应该具有的苍凉、冷峻之感，用岩石体块之间的挤压、撞击，来表达兵器所带给人的震慑力量。用被炸开并散落在大地上

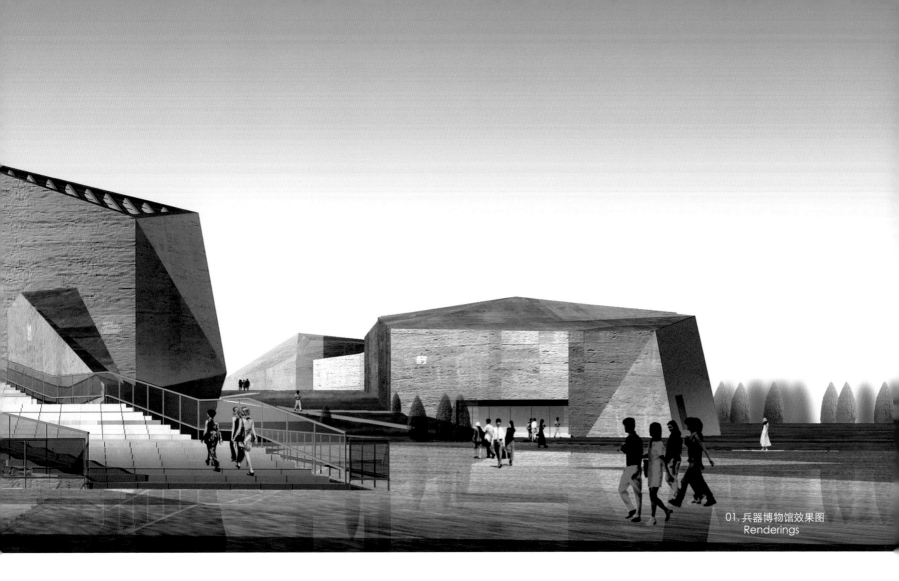

01. 兵器博物馆效果图
Renderings

的岩石体块来反映兵器博物馆的建筑造型。建筑外墙材料采用棕灰色火烧岩，岩石体块造型与展厅一一对应，自然把展厅分为一系列的序列空间，方便各展厅的独立布展。

第一部分——博物馆展示区。

主要分为三大部分：

第一展区：展示兵器发展历史，通过图片、实物展示出我国在兵器发展的各个历史阶段的成果。

第二展区：将各兵器按兵种及武器种类将实物进行展示，展示我国兵器发展的水平及各武装的主要特征。

第三展区：将为兵器工业作出突出贡献的前辈、专家、院士设立名人堂，宣传他们的创业历程及丰功伟绩。

第二部分——博物馆中体验与参与部分。

实战参与和体验娱乐区主要是参观游人的参与和互动，使展览与商业运作结合一起，以商养博。参与科目根据不同年龄、不同类型的人群设置。可分为枪战、娱乐、旅游三个版块。其中枪战版块分为实弹射击、野战俱乐部、拓展训练、电子仿真游戏四个主题。娱乐版块分为动感电影、太空飞车及真人战斗表演三个主题。旅游版块分为模型销售、纪念币活动两大主题。

第三部分——景观设计。主要通过军事题材的雕塑和军事设施的再利用两个方面来营造出一种真实、肃穆、特别的氛围。

平面布局：

博物馆以庭院分为南北两部分，围合形成庭院式布局，用以塑造建筑物较大的体量感；同时以坡地庭院来组织并串联室外展场，使室内展厅与室外展场有机结合，充分体现大尺度兵器展品的特点。

南侧部分为主要展厅及藏品库区。展区分为两层，参观人流通过室外坡道从二层主入口进入，参观完二层各展厅后沿开敞楼梯进入一层，再依次参观一层各展厅，参观结束后可选择直接出馆到室外庭院或者进入体验式消费；博物馆北侧部分设计有200座的动感影院；中段为500人演示报告厅，并设有休息厅、贵宾室等配套用房，可为整个园区提供一流的会议场所；北段为三层办公及研究用房，主要为工作人员和研究人员服务。博物馆设有一层地下室，主要为射击场。

整个建筑体形将巨大的岩石体块和坡地的庭院组织也很好地融入了空旷的场地之中，结合大尺度的室外展场，诠释了兵器、战场之间的密切联系，使之成为兵器展示的最好表达，打造全新的兵器博物馆。

第四部分，步出博物馆主馆区后，即可到达胜利广场和和平广场。圣洁的纪念碑、平静的水面和簇群的白鸽，一起形成了与前广场相反的静怡的氛围，也正是代表着人们对于战争、对于兵器的思索和体味。兵器带来的固然是废墟和悲壮，但同时他们也在护卫着那来之不易的和平与欢愉。

01. 兵器博物馆规划鸟瞰图
    Aerial View of Planning
02. 兵器博物馆分区示意图
    The Partition Map
03. 兵器博物馆节点示意图
    Diagram of Node

01	02
	03

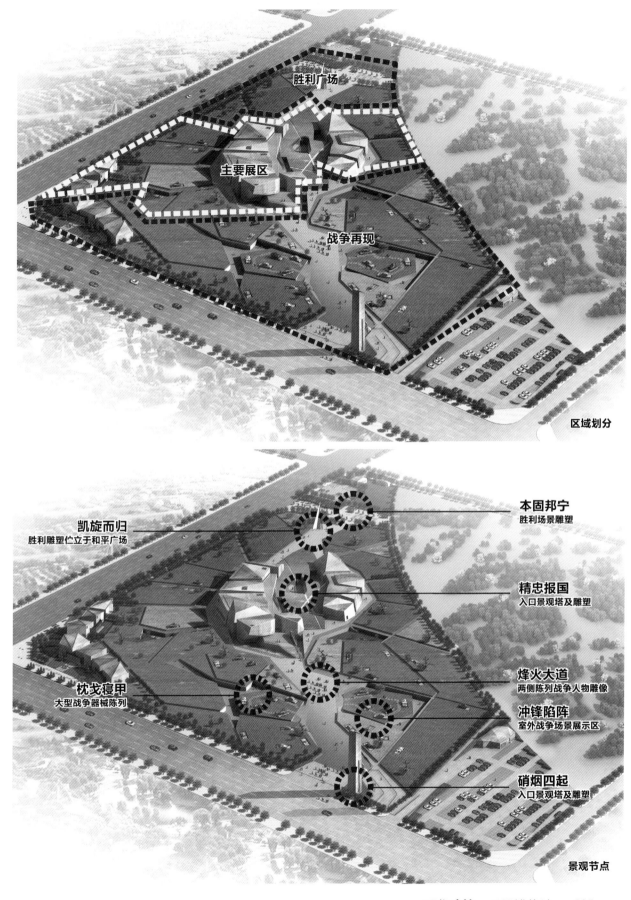

胜利广场

主要展区

战争再现

区域划分

凯旋而归
胜利雕塑伫立于和平广场

枕戈寝甲
大型战争器械陈列

本固邦宁
胜利场景雕塑

精忠报国
入口景观塔及雕塑

烽火大道
两侧陈列战争人物雕像

冲锋陷阵
室外战争场景展示区

硝烟四起
入口景观塔及雕塑

景观节点

01. 兵器博物馆鸟瞰图
Rendering

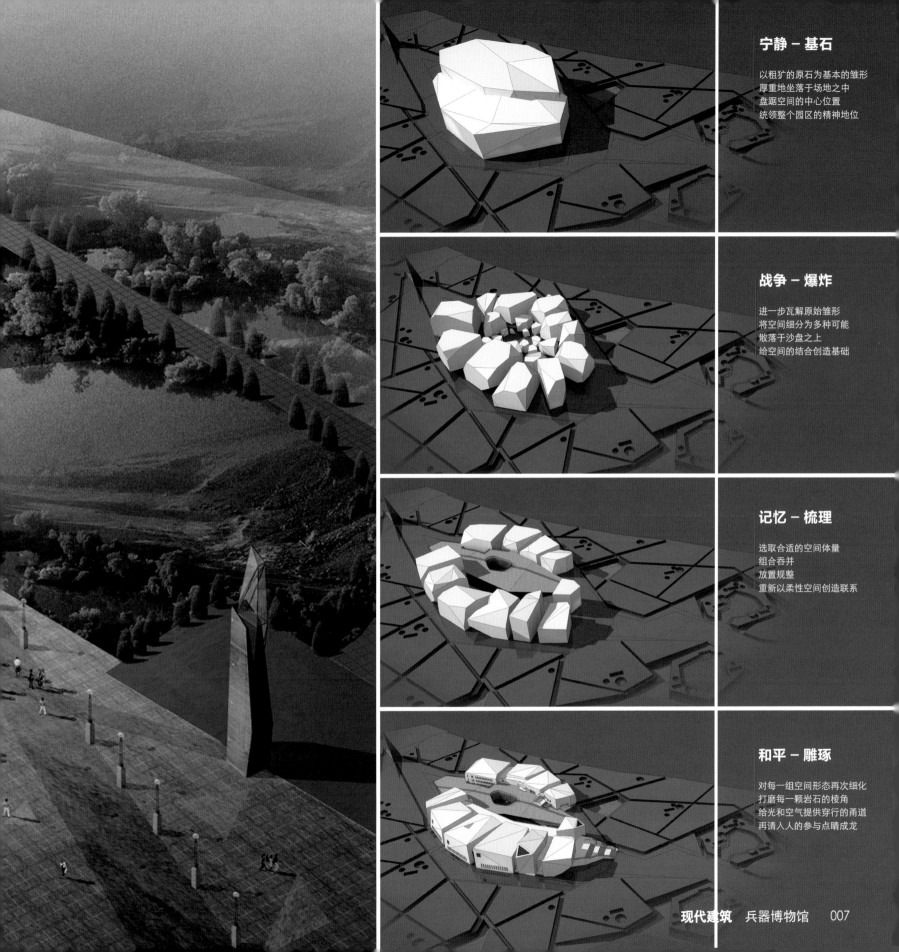

宁静 – 基石

以粗犷的原石为基本的雏形
厚重地坐落于场地之中
盘踞空间的中心位置
统领整个园区的精神地位

战争 – 爆炸

进一步瓦解原始雏形
将空间细分为多种可能
散落于沙盘之上
给空间的结合创造基础

记忆 – 梳理

选取合适的空间体量
组合吞并
放置规整
重新以柔性空间创造联系

和平 – 雕琢

对每一组空间形态再次细化
打磨每一颗岩石的棱角
给光和空气提供穿行的甬道
再请入人的参与点睛成龙

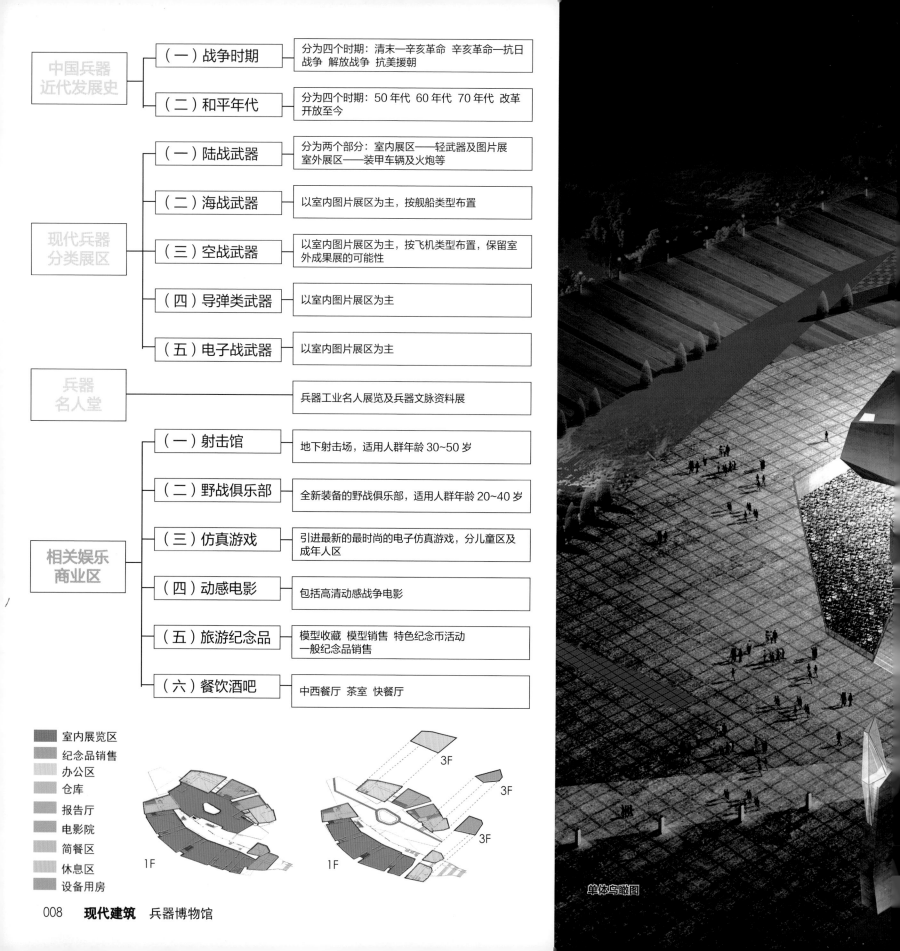

中国兵器
近代发展史

- （一）战争时期 — 分为四个时期：清末—辛亥革命 辛亥革命—抗日战争 解放战争 抗美援朝
- （二）和平年代 — 分为四个时期：50年代 60年代 70年代 改革开放至今

现代兵器
分类展区

- （一）陆战武器 — 分为两个部分：室内展区——轻武器及图片展 室外展区——装甲车辆及火炮等
- （二）海战武器 — 以室内图片展区为主，按舰船类型布置
- （三）空战武器 — 以室内图片展区为主，按飞机类型布置，保留室外成果展的可能性
- （四）导弹类武器 — 以室内图片展区为主
- （五）电子战武器 — 以室内图片展区为主

兵器
名人堂

- 兵器工业名人展览及兵器文脉资料展

相关娱乐
商业区

- （一）射击馆 — 地下射击场，适用人群年龄30~50岁
- （二）野战俱乐部 — 全新装备的野战俱乐部，适用人群年龄20~40岁
- （三）仿真游戏 — 引进最新的最时尚的电子仿真游戏，分儿童区及成年人区
- （四）动感电影 — 包括高清动感战争电影
- （五）旅游纪念品 — 模型收藏 模型销售 特色纪念币活动 一般纪念品销售
- （六）餐饮酒吧 — 中西餐厅 茶室 快餐厅

室内展览区
纪念品销售
办公区
仓库
报告厅
电影院
简餐区
休息区
设备用房

1F

3F
3F
3F
1F

单体鸟瞰图

01. 兵器博物馆鸟瞰图
Renderings

ENTRANCE FLOOR 入口门厅
EXHIBITION SPACE 展示空间
SHOOTING AREA 射击靶场
SHOPPING 商品售卖
AIR CONDITIONER 空调机房
MONITORING CENTER 监控中心

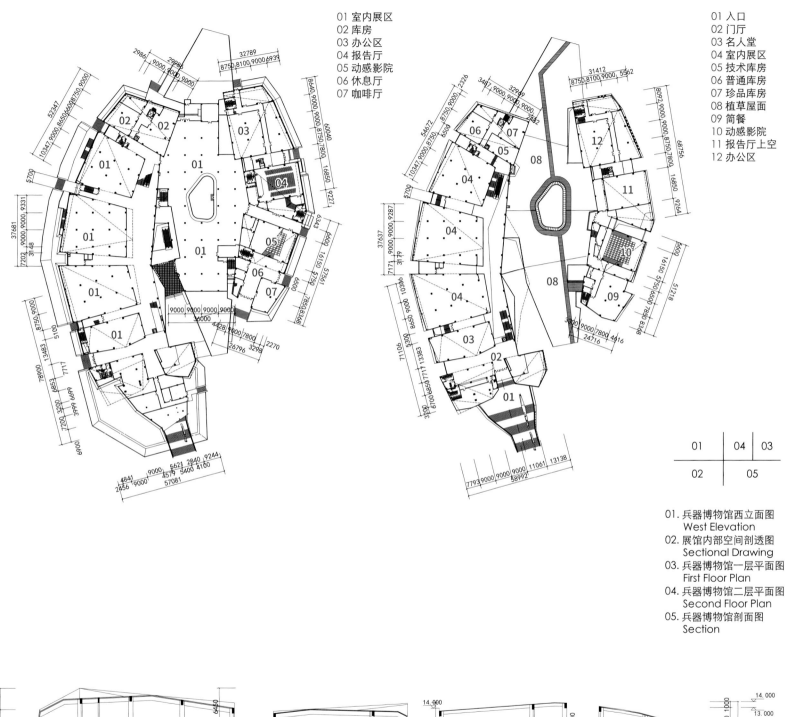

01 室内展区
02 库房
03 办公区
04 报告厅
05 动感影院
06 休息厅
07 咖啡厅

01 入口
02 门厅
03 名人堂
04 室内展区
05 技术库房
06 普通库房
07 珍品库房
08 植草屋面
09 简餐
10 动感影院
11 报告厅上空
12 办公区

01	04	03
02	05	

01. 兵器博物馆西立面图
West Elevation

02. 展馆内部空间剖透图
Sectional Drawing

03. 兵器博物馆一层平面图
First Floor Plan

04. 兵器博物馆二层平面图
Second Floor Plan

05. 兵器博物馆剖面图
Section

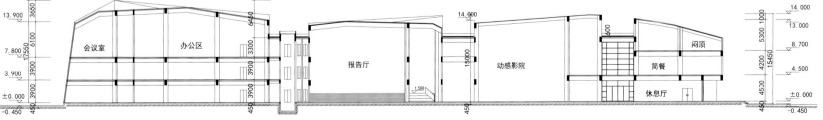

鲁艺·中国革命艺术家博物院项目

CHINESE REVOLUTIONARY ARTISTS MUSEUM PROJECT

建设单位：延安文化产业投资有限公司
建筑规模：景区一百五十三孔窑洞修复
　　　　　延安革命文艺纪念馆及核心区景观
建筑面积：总建筑面积 15398m²
方案设计：屈培青 阎飞 高伟 王琦 王一乐 白少甫
工程设计：屈培青 常小勇 阎飞 崔丹 潘映兵 王彬 马超 李士伟

项目简介：

　　延安鲁迅艺术文学院（鲁艺）是抗日战争时期中国共产党在延安创办的培养革命文艺大军的一所著名大学，为新中国培养了一大批文艺中坚，引领着中国文艺前进的方向。作为鲁艺旧址核心建筑物的天主教堂，召开过中共中央六届六中全会。中国共产党六届六中全会及鲁迅艺术文学院旧址是中国首批全国重点文物保护单位。2013 年陕西省政府将其确定为陕西省 30 个重大文化项目之一，并正式命名为中国革命艺术家博物院。

　　本项目在对鲁艺学院旧址完全保护的基础上，确定了总体布局。对于园区东西两山上一百余孔窑洞进行了完全的保护与修复，形成了东山名人故居窑洞群及西山遗址保护区，并在西山复建美术工厂、鲁艺画室、平剧团等原有建筑；同时在充分尊重地形地貌的基础上，在整个基地的最北侧，完成了延安革命文艺纪念馆的方案，表现出鲁艺新时期的风貌。

　　纪念馆在充分考虑对教堂及窑洞旧址最低程度影响的前提下，吸收了陕北地区的地坑窑的概念，设计了一个极富地域文化特色的下沉庭院空间，利用一条延续景区参观流线的长坡道，将游人引入负一层庭院，使游客的参观从外部景区到建筑内部形成自然的过渡。同时将整个建筑嵌入山体之中，与周边环境融为一体，减少了对景区整体风貌的影响。建筑通过与浮雕、阴刻文字、扶壁柱、拱形门窗等元素的有机结合展现当地文化和革命艺术的主题。

01. 鲁艺整体剖面图
   General Section
02. 馆区周边鸟瞰图
   Aerial View
03. 鲁艺总体平面图
   General Plan

教堂（六大会址）　　学员教室　　7 号窑洞　　延安革命文艺纪念馆

123500　　16500

01 一号窑洞
02 二号窑洞
03 鲁艺教堂
04 四号窑洞
05 五号窑洞
06 六号窑洞
07 七号窑洞
08 鲁艺讲堂
09 平剧院
10 学员宿舍
11 西山美术实
践体验基地
12 东山革命文
艺家故居群

N

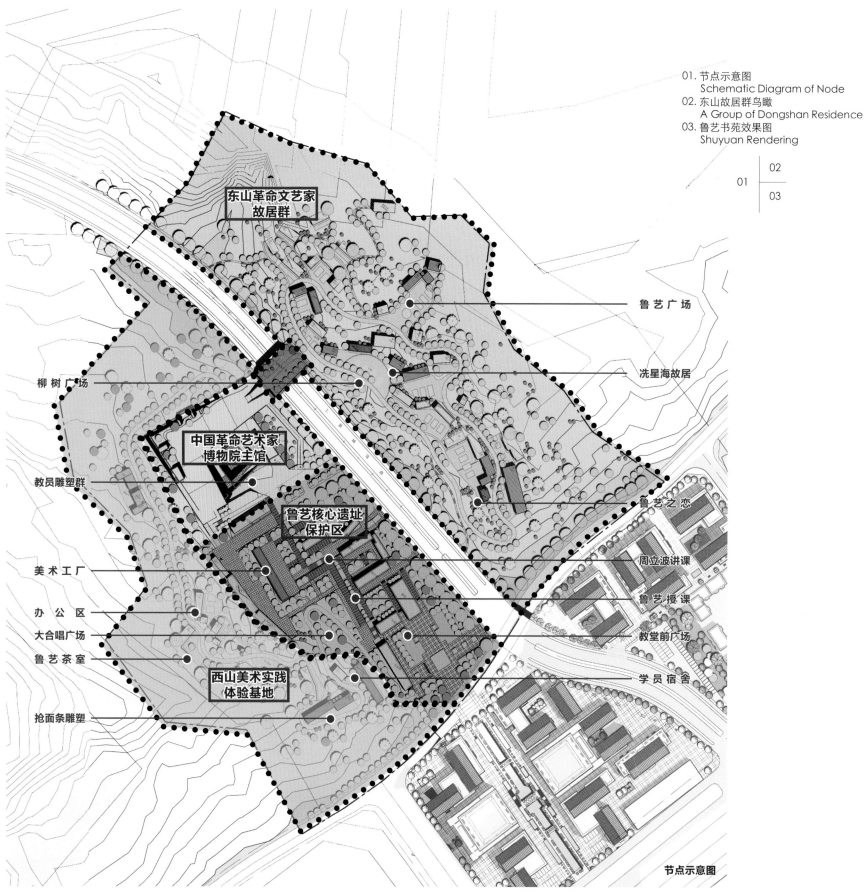

01. 节点示意图
Schematic Diagram of Node
02. 东山故居群鸟瞰
A Group of Dongshan Residence
03. 鲁艺书苑效果图
Shuyuan Rendering

| 01 | 02 |
| | 03 |

东山革命文艺家
故居群

鲁艺广场

柳树广场

冼星海故居

中国革命艺术家
博物院主馆

教员雕塑群

鲁艺核心遗址
保护区

鲁艺之恋

美术工厂

周立波讲课

办 公 区

鲁艺授课

大合唱广场

鲁艺茶室

教堂前广场

西山美术实践
体验基地

学员宿舍

抢面条雕塑

节点示意图

01	04	05
02	06	07
03		

01~03. 窑洞单体效果图
Individual Cave Rendering
04~07. 窑洞建成现状照片
Present Situation Photo

01. 纪念馆单体鸟瞰图
    Aerial View
02. 纪念馆透视效果图
    Perspective Drawing
03. 纪念馆各层平面图
    Floor Plans

	02
01	03

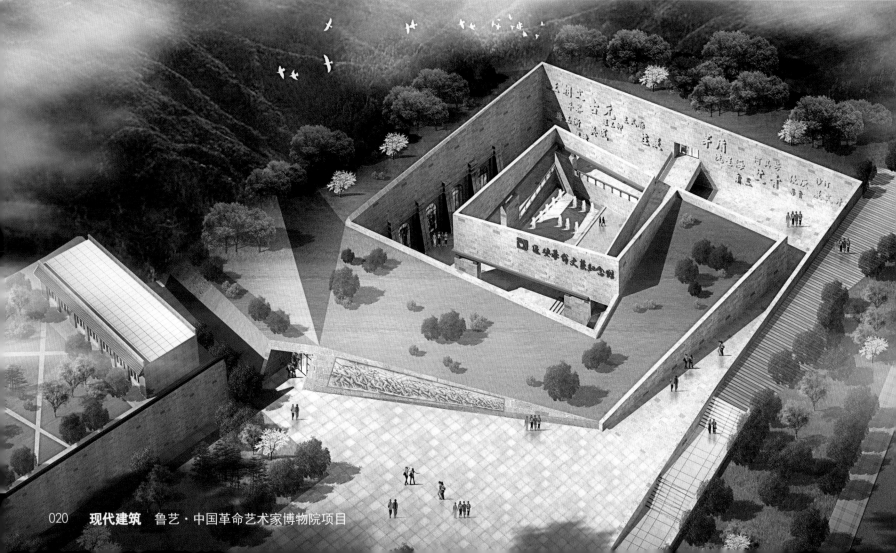

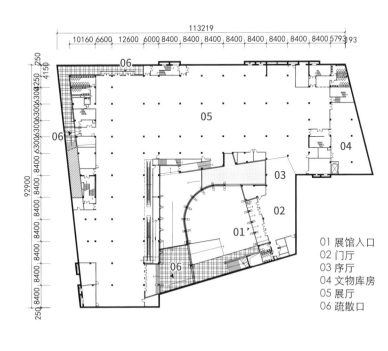

01 展馆入口
02 门厅
03 序厅
04 文物库房
05 展厅
06 疏散口

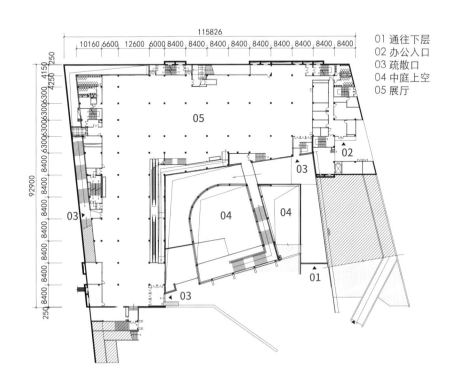

01 通往下层
02 办公入口
03 疏散口
04 中庭上空
05 展厅

方案展示 1
Programme Presentation 1

方案展示 2
Programme Presentation 2

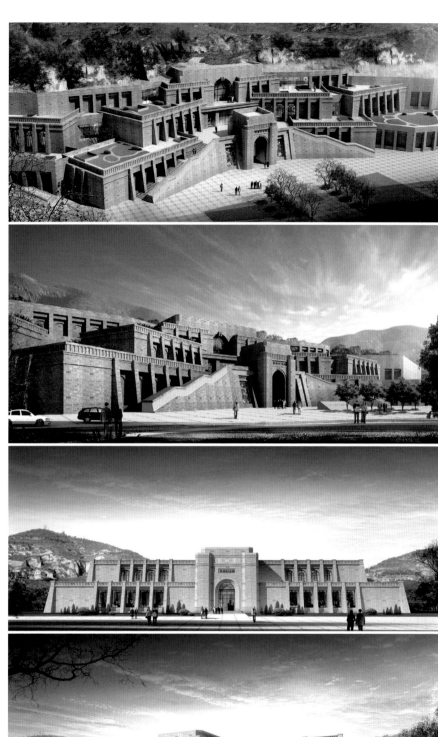

方案展示 3
Programme Presentation 3

方案展示 4
Programme Presentation 4

扶眉战役烈士陵园维修改造设计

MAINTENANCE AND RECONSTRUCTION OF BATTLE
OF THE MARTYRS CEMETERY

建设单位：宝鸡市眉县民政局
建筑规模：地上 2 层，纪念性建筑
建筑面积：3500m²
方案设计：屈培青　徐健生　白少甫

01. 规划鸟瞰图
Aerial View Rendering

项目简介：

　　扶眉战役，全称扶风、眉县战役，是指在解放战争时期，中国人民解放军第一野战军在陕西省扶风、眉县地区对国民党军进行的进攻作战。扶眉战役纪念馆作为扶眉战役烈士陵园的一个重要节点，旨在表达对已故烈士的纪念与追悼，并展示爱国主义情怀。纪念馆南侧是静谧的水面，东、西、北侧是绿化覆盖的烈士墓区，整体上通过环境来营造出安静肃穆的气氛，也使参观者的情绪沉静下来。参观者通过一条贯穿建筑主体的通道进入纪念馆，浮于水面的通道是园区主轴线的延续，从而与北侧的烈士墓区自然地过渡，形成连贯的参观路径。建筑造型简约大方，体块的简洁划分形成了不同的室内空间，满足不同的展陈需求，体块之间的缝隙自然而然地成为纪念馆内部与外部烈士墓区之间的窗口，并通过结合不同空间尺度及光影的塑造，让人们在参观纪念馆的同时，不仅能透过纪念馆看到周围的烈士墓区，还能在光线、视线共同构成的空间中缅怀先烈。建筑外立面并无多余装饰，仅在入口处结合建筑体量用横向的主题浮雕墙展现扶眉战役的战争场景。清水混凝土构成的立面条纹与通透的玻璃共同营造出了安静肃穆的场所氛围，也使纪念馆与烈士墓区自然和谐地融合在环境之中。

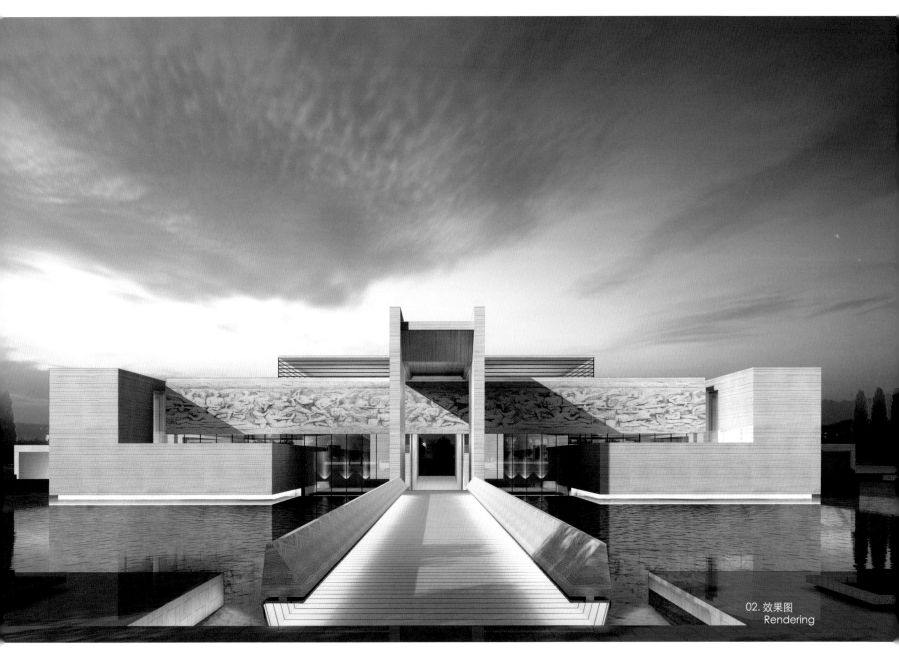

02. 效果图
Rendering

陕西信息大厦·西安皇冠假日酒店
SHANNXI INFORMATION TOWER

建设单位：陕西金信实业发展有限公司
建筑规模：总高度191m，西北地区已建成钢筋混凝土的第一高楼
建筑面积：总建筑面积11.1万m²
方案设计：屈培青 张超文 秦华昊 魏婷
工程设计：屈培青 张超文 王晓鹏 魏婷 骆长安
　　　　　高莉 孟志军 黄惠 马超 季兆齐 李士伟
获奖情况：陕西省第十八次优秀工程设计省级一等奖
　　　　　中国建筑西北设计研究院优秀工程一等奖
发表文章：信息大厦《建筑学报》1997年第11期

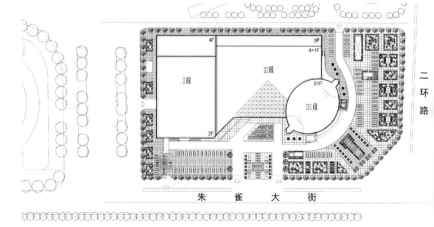

01. 信息大厦 　　　　　（摄影：贺泽余）
    Information Tower
02. 信息大厦 　　　　　（摄影：常小勇）
    Information Tower
03. 信息大厦总平面图
    Information Tower General Plan

01	02
03	

项目简介：

　　陕西信息大厦位于西安市南二环与朱雀路交叉口东北角，是陕西省跨世纪重点建设项目，始建于1997年，总建筑面积111234m²，其中裙楼I段地上2层局部4层，地下1层；裙楼II段地上5层，地下1层；主楼III段地上51层，地下3层，总高度191m，目前为西北地区已建成的最高一座钢筋混凝土结构的超高层建筑。建筑在造型上表现出奋发、进取、向上的气势，表达现代建筑的时代精神，反映地方文化和建筑文化的内涵，并与东边省图书馆、美术馆、体育中心相呼应，形成与环境谐调、形式新颖的开放式城市空间和文化建筑群。

　　信息大厦分为主楼与附楼，主楼采用圆弧形平面并与道路走向呈45°角布置在十字交叉处，既形成线条流畅的动态感，又使主体建筑造型与周围建筑协调呼应，与城市路网有机结合。附楼采用简洁的几何体块建筑，与主体的动态感产生对比，且与周边道路相契合。

　　立面采用水平玻璃幕墙与金属铝幕组合，赋予极强的韵律感，并由三层通高的花岗岩石柱作为主楼基座，使总高度为191m的大厦坚实稳定，挺拔高耸。主楼以珍珠白色铝板墙面配以灰蓝色玻璃和浅宝石蓝色铝板组合的幕墙，整个建筑以简洁、典雅、新颖的格调根植在古城西安的城市环境中。主楼两端室外观光电梯直通51层观光厅，既可观望古城西安全貌，也给建筑自身增添了活力和风采，特别是在夜间，两部上下移动的室外观光电梯，如同两颗流星穿梭在城市上空。在主楼顶部通过与观光厅、停机坪及两座白色微波通信发射塔的有机组合，组成丰富的建筑轮廓线，增添了高技术和高信息的时代气息。

　　信息大厦现为洲际皇冠假日五星级酒店和商务写字的综合楼。酒店配套设施全面丰富，设有目前西安规模最大的千人宴会厅、餐厅、游泳池、康乐等酒店配套设施，商务写字楼也包含各种配套用房，会议中心，顶层高端商务酒吧等。功能分区多样，交通流线复杂，于入口处设置一个5层通高的共享空间，通过大面积玻璃幕墙，室内外空间融合渗透为一体，既保证各部门功能分区各自独立，又注重各空间水平和垂直方向有机联系，活泼的空间，通高的交通共享大厅使建筑延伸到城市空间中，给人以明快、宏大的气势。在夜晚室内共享空间以绚丽多彩的灯光照明，辉映丽日天光，闪闪熠熠。

　　在建筑西侧和南侧是大厦的室外广场，该广场既起到交通组织和功能分区作用，又将创造好室外环境和景观，通过绿化、叠水台、文化墙、雕塑、小品的整合，设计了具有陕西文脉和特征的建筑景观序列，不仅使单体建筑与总体城市有机地结合为一体，也反映了大型公共建筑的简洁与大气。

01
02　03

01. 信息大厦　　　（摄影　常小勇）
　　Information Tower
02、03. 信息大厦　（摄影　贺泽余）
　　Information Tower

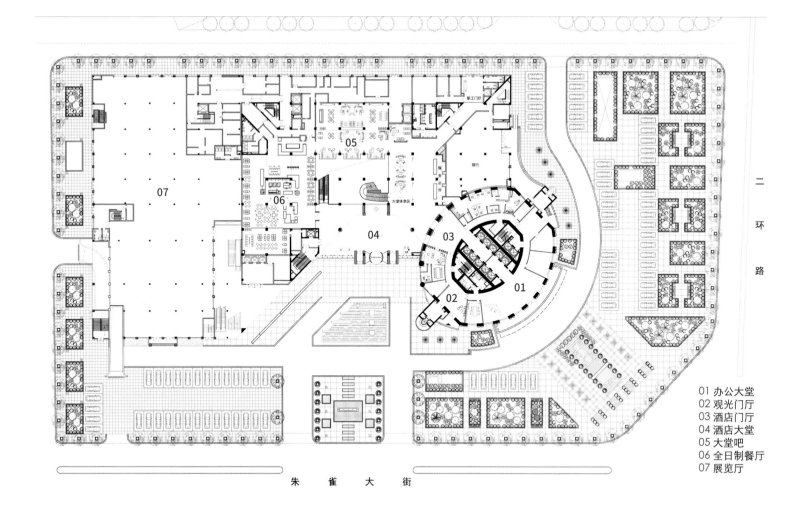

二
环
路

01 办公大堂
02 观光门厅
03 酒店门厅
04 酒店大堂
05 大堂吧
06 全日制餐厅
07 展览厅

朱 雀 大 街

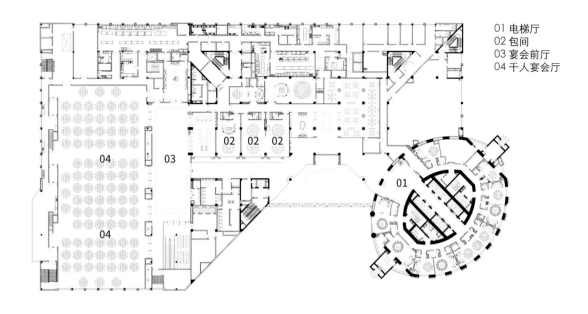

01 电梯厅
02 包间
03 宴会前厅
04 千人宴会厅

01	03
02

01. 一层平面图
First Floor Plan
02. 二层平面图
Second Floor Plan
03. 信息大厦入口（摄影 甲方供）
Entrance

陕西信息大厦结构采用的新技术：
1. 陕西信息大厦是目前国内8度抗震设防地区最高的超限高层钢筋混凝土组合筒体结构，主楼高189.4m。由于高度超限，应采用钢结构，但由于地方财政困难，采用了型钢混凝土筒中筒结构体系；2. 陕西信息大厦工程首次在黄土地区应用超长混凝土灌注桩，为了确保工程质量，在场外做了三根试桩，桩侧、桩端后压浆。3. 陕西信息大厦工程采用桩筏基础，设计单位、施工单位针对大体积混凝土做了科研工作，成功地解决了大体积混凝土裂缝问题，效果良好；4. 在陕西省首次采用C60高强混凝土，施工单位专门对C60高强混凝土配制、浇捣、养护进行科研，在此工程上应用非常成功；5. 为降低层高，采用无黏结预应力平板，跨度9.8m，板厚250mm，层高3.3m。采用无黏结预应力主要解决挠度和裂缝，非预应力钢筋满足强度要求；6. 对陕西信息大厦结构进行了三维弹塑性分析，包括静力推覆（Pushover）分析和动力反应时程分析，以检验结构的安全性和抗震性能。从结构整体的反应结果看，其变形在可接受的范围内，满足在罕遇地震下结构有损伤但不破坏的设计原则。

总之，在陕西信息大厦采用筒中筒结构体系，黄土地区75m超长后压浆灌注桩，大体积混凝土，C60高强混凝土，无黏结预应力平板，三维弹塑性分析等在西北地区开了先河，其中三维弹塑性分析在国内也是具有开创性的工作。对同类工程具有较高的指导意义和参考价值。

01、02. 信息大厦大堂（摄影：甲方供）
Lobby
03、04. 信息大厦前台（摄影：甲方供）
Reception

01	03	05
	04	
02		

01、02. 信息大厦酒吧　（摄影：甲方供）
Bar

03、04. 信息大厦西餐厅（摄影：甲方供）
Western Restaurant

05. 信息大厦内景　　（摄影：甲方供）
Interior

现代建筑 陕西信息大厦·西安皇冠假日酒店　035

01、02. 会议室　　（摄影：甲方供）
Conference Room

03. 宴会厅前厅　　（摄影：甲方供）
Lobby

04. 大厦电梯厅　　（摄影：甲方供）
Elevator Hall

05、06. 宴会厅内景　（摄影：甲方供）
The Banquet Hall Inside

01	03	05
02	04	06

人民大厦·西安索菲特酒店

XI'AN SOFITEL HOTEL

建设单位：陕西金泰恒业房地产有限公司
建筑面积：总建筑面积 10 万 m²
方案设计：屈培青 张超文 张玥 吴莹莹
工程设计：屈培青 张超文 张玥 李若琦
　　　　　赵整社 黄惠 季兆齐 任万娣
所获奖项：陕西省第十四次优秀工程设计省级二等奖

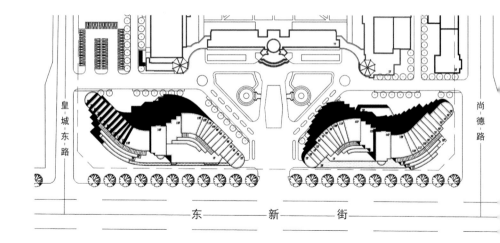

01.索菲特总平面图
　　General Plan
02.人民大厦索菲特（摄影：常小勇）
　　Photo of Sofitel
03.索菲特局部　（摄影：屈培青）
　　Details of of Sofitel
04.索菲特夜景　（摄影：常小勇）
　　Night Photo of Sofitel

```
01
      04
02    03
```

项目简介：

    本项目由人民大厦与国际知名品牌酒店管理集团亚高集团合作，索菲特酒店管理集团挂牌管理，定位为五星级酒店。

    该项目由于地理位置的重要性，在西安已具有很大影响。从总体规划上看，该项目位于西安中心区及中心文化广场处，又与保护的人民大厦为一组建筑，人民大厦是20世纪50年代由西北院留法回国的洪青总建筑师设计，是中西方文化有机结合的经典之作，也是我们西安50年代的一批代表作品之一。在方案构思中采用简约的手法及"少就是多"的设计原则与人民大厦协调，所以新建筑与人民大厦老楼的关系采用退让及协调。在设计中，以珍珠白铝板饰面与浅灰蓝色玻璃带形窗组合，建筑立面中观光电梯选用透明钢化玻璃面板以点玻支撑体系，给人营造出一种清澈、轻盈、高雅、时尚的外观感觉。

    项目充分注重总体环境的协调，将新建筑与保护建筑围合成一个院落空间，通过保留的亭子和改造的绿化庭院，使两组新老建筑有机地过渡和融合为一体。利用建筑自身的退台，布置绿化园林，加上建筑自身的自由曲线，建筑与园林有机地整合为一体。

01. 索菲特实景　　（摄影 屈培青）
    Photo of Sofitel

02. 索菲特夜景　　（摄影 常小勇）
    Night Photo of Sofitel

03~07. 餐厅　　　　（摄影 成 社）
    Restaurant Photo

01		03
	04	05
02	06	07

西安市人民检察院综合办公楼

GENERAL OFFICE BUILDING OF XI'AN
PEOPLE'S PROCURATORATE

建设单位：西安市统一建设管理办公室
建筑规模：办公楼，地上 10 层，地下 1 层
建筑面积：总建筑面积 27000m²
方案设计：屈培青 姜宁
工程设计：屈培青 贾立荣 姜宁
　　　　　王世斌 高莉 毕卫华 任万娣
获奖情况：全国优秀工程勘察设计行业奖优秀工程三等奖
　　　　　中国建设工程鲁班奖·国家优质工程
发表论文：《西安市人民检察院业务技术综合楼》
　　　　　《建筑创作》2005 年 9 期

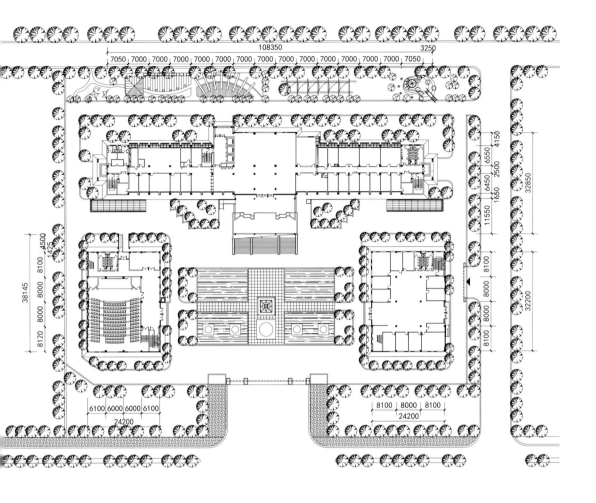

01、04. 西安人民检察院（摄影：屈培青）
Xi'an People's Procuratorate

02. 西安人民检察院平面图
First Floor Plan

03. 西安人民检察院 （摄影：常小勇）
Xi'an People's Procuratorate

项目简介：

　　西安市人民检察院业务技术综合楼位于西安市北二环未央路立交桥与太华路立交桥之间路北，南临西安市北二环，东临大明宫建材市场。大楼净用土地20亩，分主楼和附楼。主楼地下1层，地上10层，建筑面积19998m²；附楼分东西两处，均为地下1层，地上2层，建筑面积7664m²。大楼总建筑面积近28000m²，整个建筑群地下连通，地上空间围合，组成独立建筑组团。

　　检察院作为政府机构首先要切实保护人民群众的利益不受侵害，其次要让一切不法分子心生敬畏。所以项目在设计之初，就希望能够打造一个不同以往的行政办公建筑空间，建筑师通过以下手段实现这个目的：1.通过建筑的围合形成院落空间，利用绿化和景观塑造亲切怡人环境体验；严整的中轴对称设计使得建筑庄重，平稳、简洁。2.通过丰富的材质变化增加建筑的亲切感，序列的门架与横向的浮雕组合，粗犷庄严。两端裙楼采用浅米色水平线条石条墙面，平稳亲切。主楼采用光面浅米白色岩板与灰黑色铝合金构架组合，简洁大方。整个项目既反映出人民检察院的公正无私、一身正气，让一切不法分子无所遁形，也能让广大人民群众觉得可靠、亲切。

　　项目在设计过程中充分考虑西安的历史、地域文化，建设和装修过程中，运用了大量代表长安文化的图形和符号。图形和符号的采用既起到了点缀美化的效果，又丰富了大楼的文化内涵。

西安市人民检察院 （摄影：常小勇）
Xi'an People's Procuratorate

现代建筑 西安市人民检察院综合办公楼

01.西安市人民检察院(摄影 屈培青)
Xi'an People's Procuratorate
02、03.检察院室内（摄影: 常小勇）
Interior Photo

中国建筑西北设计研究院综合办公楼

INTEGRATED OFFICE BUILDING OF NORTHWEST DESIGN AND RESEARCH INSTITUTE OF CHINESE ARCHITECTURE

建设单位： 中国建筑西北设计研究院有限公司
建筑面积： 总建筑面积 61140.2m²
方案设计： 屈培青 常小勇 魏婷 阎飞 董睿
工程设计： 屈培青 安军 常小勇 高勇 魏婷
　　　　　　张顺强 高莉 陈晓辉 季兆齐
获奖情况： 中国建筑西北设计研究院优秀工程一等奖

项目简介：

中国建筑西北设计研究院办公楼位于西安市文景路与凤城九路交叉口西南角，为7~18层的综合办公建筑。其中地上建筑面积48900m²，地下建筑面积12200m²。地上为生产办公楼、行政办公楼、综合办公楼、报告厅、职工餐厅，地下为停车库与设备用房。

现代办公建筑在平面和功能布局上更加注重建筑空间的序列设计，力求办公环境的舒适性和多样性。从建筑室外广场到建筑内庭院，从建筑主入口的室内共享大厅到办公区交流共享大厅，从办公空间到交流空间，这些大小空间通过交通组织有机地连接成一组建筑空间组合链，并将室内外空间相互渗透、有机组合。增加建筑与室外环境的交流面，给人创造一种阳光，自然、有变化的工作空间，打破以往封闭的工作环境。

一、室外广场

建筑入口毗邻城市道路及城市绿化带，通过展示企业形象的院台铭，进入一个规整、大气的现代化室外办公广场。绿化、道路、小品、停车场有机组合，人车分流。绿化、道路以几何图案为元素，规整、简洁，创造一个开放、秩序的室外办公广场，彰显有序亲切的企业形象。

二、办公共享大厅

办公共享大厅是整个综合办公楼的主入口及交通枢纽，由3层通高的玻璃幕墙及钢屋架有机组合，将生产所、行政办公楼、室外中庭有机地连为一体，当人们走进3层通

01. 中国建筑西北设计研究院综合办公楼 （摄影：惠倩楠）
   Integrated Office Building
02. 中国建筑西北设计研究院综合办公楼 （摄影：屈培青）
   Integrated Office Building

01	
	02

01.办公楼立面韵律（摄影：屈培青）
Elevation Rhythm
02.办公楼平面图
First Floor Plan
03.办公楼庭院 （摄影：常小勇）
Yard

```
01
——————— 03
02
```

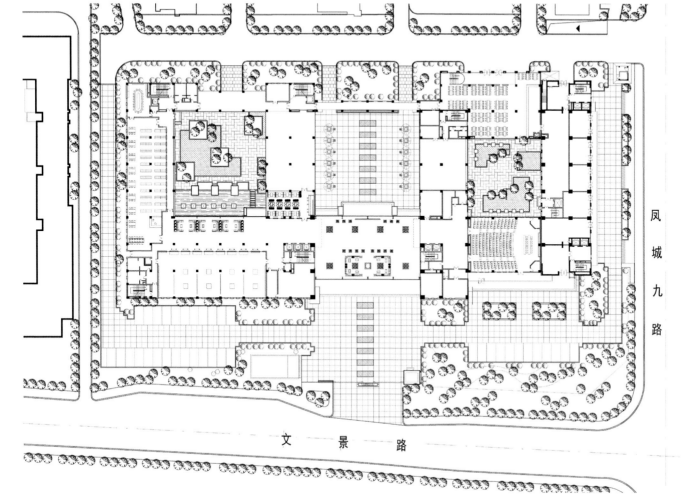

凤城九路

文景路

高的办公入口共享大厅时，首先看到一个富有时代感的现代化办公空间，感受到开放、积极、自然的办公氛围。大厅南侧有 3 部通往生产所的垂直交通电梯及通向 1~5 层的直跑景观楼梯，在交通电梯旁设有等候洽谈区及咖啡室作为休息洽谈空间，该空间面向室外内庭院，坐在此处可尽享室外怡人景色。在大厅北侧有 2 部通往行政楼的垂直电梯，而报告厅既与共享大厅相邻又直接通向室外，使报告厅既能方便社会使用又能满足内部职工的使用需求。

三、5 层通高文化交流共享大厅

办公区的南北两栋生产办公楼由一个 5 层通高的文化交流共享大厅连接，与西侧的办公走廊共同围合一个生产庭院。该大厅既是办公区的交通枢纽，通过通高的直跑楼梯将人引导到生产所各层，又是办公人员的休息放松交流场所，大厅一侧采用通高玻璃幕墙与室外内庭院有机结合为一体，将室外景观引入到室内，既起到了交通导向作用，又将交通空间敞开，创造了文化交流景观空间，使人们在上楼梯时看到庭院景观，达到步移景异的效果。

四、室外文化礼仪广场

通过办公共享大厅，可以直接看到大厅西侧的文化礼仪广场，该广场由办公楼与连廊围合而成，是进行大型活动的集聚场所，广场西侧设有通高的建筑照壁作为文化背景墙，展示企业精神及文化。既强调了广场的围合性，又营造了建筑文化氛围，是办公楼的奋发向上的精神场所。

五、室外庭院

在文化广场南北两端分别设了一个办公庭院与休闲庭院。办公庭院由办公区自然围合而成，以舒适、理性为主题，通过几何状的花池及铺地，营造一个宜人规整的绿色庭院，符合办公区的办公氛围。在紧靠生产所共享大厅一侧设置长方形水池，以黑色光面花岗石为池底，将 6 块白色大理石浮至水面之上，形成黑白对比，体现理性、严谨的办公区环境。通过丰富的绿植、潺潺的流水，使工作紧张的人们有一个休息、缓解疲劳的场所。该庭院缓和了办公场所的紧张严肃的氛围，为办公区引入生态办公的全新理念，调节了内部小气候环境，使办公人员有一个舒适的办公环境。休闲庭院由行政楼、生活综合楼、餐厅及报告厅围合而成，以随性、生活化为主题。这里的绿化花池更为丰富，以和谐、自然为主，错落的花池间矗立几片石质的小矮墙，矮墙旁为木质的平台，构成一个个半围合的空间，人们坐于此处，休闲之余贴近自然，享受良好的室外庭院环境。

六、建筑立面风格

整个办公楼以现代、简洁的立体几何建筑体块为创作元素，结合中国传统建筑材料的肌理，融入亲切理性的办公设计理念，用现代的设计手法加以整合。建筑造型简洁大方，突出传统建筑材料青砖的质感与肌理，展现建筑的淳朴本质。质朴的青砖墙面与通透的玻璃幕墙形成对比，并通过具有韵律节奏的条窗组合，给人创造一种简洁、明快、亲切的建筑格调，使建筑风格更加符合北方地域的文脉及气候特点，反映出北方建筑纯朴、简约、粗犷及苍古的气势和设计院特定的场所精神。

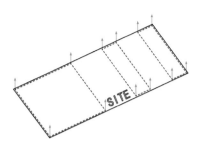

对现状场地进行整体划分

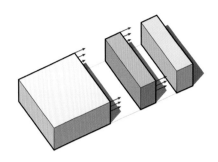

根据不同功能需求构筑基本体块

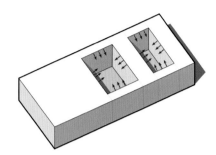

提升办公环境围合形成内庭院

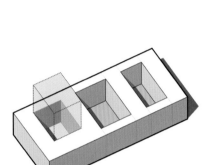

为满足采光通风设置内庭

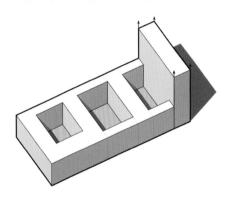

将公寓体块拉伸，满足使用需求

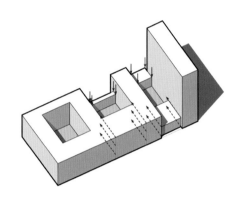

细化形体关系，调整体块穿插

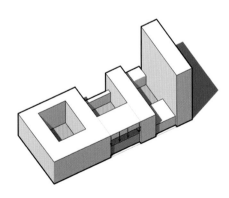

入口空间虚化，立面形成对比

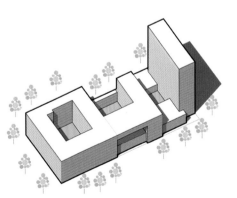

进行周边景观设计，完善外环境

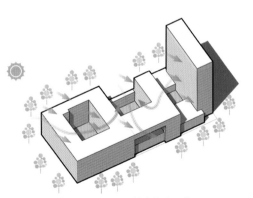

合理日照通风，创造怡人环境

体块生成分析图

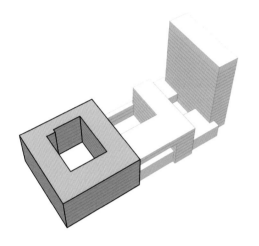

生产办公：南侧 7 层建筑主要集中设
置生产所的办公空间

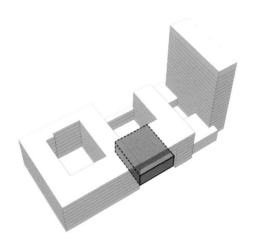

主门厅：建筑东侧的主入口设置 4 层
通高的大厅

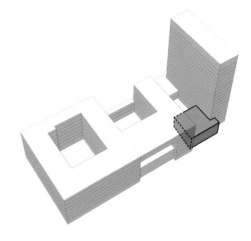

报告厅：门厅北侧可直达大报告厅及
报告厅前厅

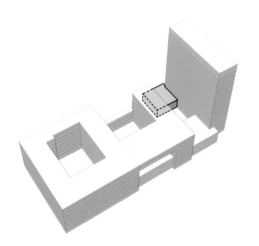

职工餐厅：餐厅置于建筑西北角，配
合有各类辅助空间

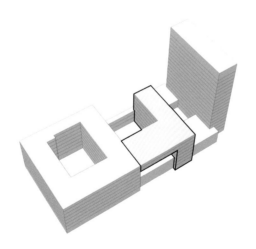

行政办公：中部庭院两侧设计为行政
办公空间

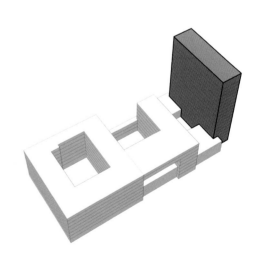

综合办公楼：补充更多的办公空间以
供设计所和行政机构扩展办公空间

功能空间分析图

01. 办公楼立面韵律（摄影：屈培青）
Elevation Rhythm

01
02

02. 北厅效果图
North Hall

01. 办公楼中庭 （摄影：屈培青）
Courtyard
02. 院荣誉展示厅效果图
Honor Exhibition Hall
03. 图书馆效果图
Library

ZHONGGUO JIANZHU XIBEI SHEJI YANJIUYUAN

<table>
<tr><td>01</td><td rowspan="3"></td></tr>
<tr><td>02</td><td>04</td></tr>
<tr><td>03</td><td></td></tr>
</table>

01、02. 办公室效果图
Office
03. 接待厅效果图
Reception Hall
04. 会议室效果图
Meeting Room

```
       | 02
  01   |------
       | 03
       |------
       | 04
```

01. 报告厅效果图
    Auditorium
02. 酒吧效果图
    Bar
03. 职工餐厅效果图
    Stuff Restaurant
04. 咖啡厅内景（摄影：常小勇）
    Interior of Cafe

西安灞桥区管委会总部综合办公楼

XI'AN BAQIAO DISTRICT COMMITTEE HEADQUARTERS OFFICE BUILDING

建设单位：西安灞桥科技工业园区管理委员会
建筑规模：办公楼 地上 12 层，地下局部 1 层
建筑面积：总建筑面积 24000m²
方案设计：屈培青 张超文 魏婷
工程设计：屈培青 张超文 魏婷
　　　　　单桂林 郑苗 王玲 李士伟

项目简介：

　　该项目基地位于西安浐灞新区，紧邻灞河，西临高速公路，交通便利，拥有良好的自然景观。基地的东侧为企业总部大楼一号，北侧拟建会议展览中心，三栋建筑呈品字形布置，面向灞河，围合宽敞的入口广场。

　　设计着力于对公共空间秩序的研究与表达，增加办公楼中公共空间的宜人度和趣味性。不但在横向、竖向的结构与装饰上表达一种秩序感，更在空间的运动中蕴含这种序列变化所带来的体验。

　　建筑通过基本的几何表达，秩序化了建筑外部形态与内部空间，用简洁的序列凸显建筑状态的最显著特征。建筑的功能被统一到了个体在建筑之内的行进过程。立面上黑灰色的铝合金构架是形体序列的基本元素，配合不同的建筑材质和开窗系统，形成相似的秩序，使立面呈现合理有序的变化。建筑的两翼各设置了一系列室外的阳台，建筑外皮在此向外延伸，使原本的室外空间变成一系列灰空间，独立但不隔绝，交融却又明晰。玻璃围栏的阳台是建筑立面的延续，使视线在延建筑墙面移动时有所转折，产生轻盈的视觉效果。使建筑在向两边演进时，逐渐趋于平淡的立面秩序得到升华。

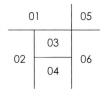

01、02. 办公楼外景 （摄影：孙笙真）
Photo of Office Building
03. 阳台细部 （摄影：孙笙真）
Details of Balcony
04. 水体景观 （摄影：孙笙真）
Water Landscape
05、06. 方案效果图
Rendering

01		05
	03	
02		06
	04	

宜川县行政中心

YICHUAN COUNTY ADMINISTRATIVE CENTER

建设单位：宜川县城市建设投资有限公司
建筑面积：总建筑面积 27767.7m²
方案设计：屈培青 常小勇 李大为 苗雨 钱文韬
工程设计：屈培青 常小勇 闫文秀 李大为
　　　　　朱立峰 孟志军 刘刚 闫明

项目简介：

　　宜川县行政中心项目用地位于迎宾大道以北，用地北面为山地，东南角紧邻纪检委及共青团宜川县委。

　　方案以"塑造宜人办公尺度，展现中国传统庭院文化，彰显时代建筑艺术"为设计理念，力求建立起一种传统与现代和谐共生的良好关系。

　　方案建筑的造型设计采撷自中国传统古建挑檐的神韵，将其与现代建筑所代表的几何形体相结合，相互穿插、虚实相生。

　　在建筑色彩与材料的采用上，以米黄色石材与灰黑色金属屋架为主要基调。在传统与现代之间，用建筑的色彩语言找到一个契合点，架起传承与发展的桥梁。

西安高新区综合保税区通关服务中心

XI'AN HI-TECH ZONE COMPREHENSIVE
BONDED AREA CLEARANCE SERVICE CENTER

建设单位：西安高新区配套建设有限公司
建筑规模：地上 18 层，地下 1 层，综合办公楼
建筑面积：总建筑面积 39504.7m²
方案设计：屈培青 孙笙真 李大为 贾立荣
工程设计：屈培青 贾立荣 李大为 闫文秀
　　　　　王晓玉 潘映兵 季兆齐 高莉 黄惠

01. 入口大门　　　（摄影：常小勇）
　　Entrance Gate
02. 平面手稿　　　（摄影：孙笙真）
　　Planar Sketch
03. 方案手稿　　　（摄影：孙笙真）
　　Program Sketch
04. 服务中心　　　（摄影：常小勇）
　　Service Center

	02	03
01	04	

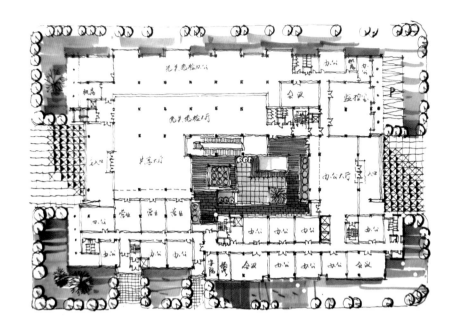

01
02 ┤ 03

01、02. 三星海关大楼立面（摄影：常小勇）
　　　Facade
03. 庭院内景　　　　　（摄影：常小勇）
　　　Interior Courtyard

设计简介：

西安三星综合保税区报关大楼位于保税区卡口东侧，总建筑面积约3.92万m²，其中地上建筑面积32074.5m²，地下7430.2m²。是一座集办公、会议、餐饮、健身于一体的综合办公楼。它由一栋18层的主楼和2层裙楼组成，其中18层的主楼主要为管委会办公人员使用。裙楼为保税区内报关报检大厅办公用房及员工餐厅和厨房。裙楼和主楼以大厅和庭院相连接，在功能上各个部分之间既相互独立又能有效连通，中心庭院空间有效地将管委会办公流线和报关报检大厅分隔开来，同时，又能给办公空间带来宜人的景观环境，美化室内空间，为紧张工作的人们带来亲近自然的机会。本项目将承载陕西电子信息产业以及三星电子存储芯片项目及其配套企业建设用地和中期扩展用地。

总平面及建筑功能：办公楼的东侧为管委会入口，入口内部为两层通高玻璃幕墙中厅，进入其中，可以感受到现代建筑的视觉冲击，管委会入口南部直接通往18层塔楼各层，入口北部则可以进入报关报检大厅人员办公部分，人流在这里得到了有效的疏导和分散。

办公楼的西侧为报关报检大厅入口，大厅北侧为报关报检办公大厅，南侧为工商、税务、银行部门的办公场所。裙楼二层南侧为员工餐厅及厨房，以满足办公楼内部办公人员的就餐。办公楼地下一层为车库、人防及管理用房。

风格立意构思：建筑外立面以简洁大气的手法和极具现代感的造型诠释着办公建筑的特点。采用虚与实、水平与垂直、细腻与粗犷的多重对比，共同勾勒出保税区办公大楼的精致轮廓。一排具有序列感的柱廊和不同层次的退台共同营造出建筑主入口的丰富空间，为人们进入建筑前提供了适当的缓冲空间。当人们进入到办公楼内部，首先映入眼帘的是一个双层通高的玻璃大厅，通透而明朗玻璃厅后面为中心景观庭院。在这里人们感受到的是自然景观和人工技术的交织与融合。人们由大厅两侧可以直接到达相应的办公空间，流线清晰而快捷。建筑外部以灰色的石材和湖蓝色的玻璃幕墙作为主要材料，以衬托出现代建筑的特点，入口部分以橘色实墙作为点缀，起到了收束视野，突出中心的作用。

西安高新青少年活动中心

XI'AN HIGH-TECH YOUTH ACTIVITY CENTER

建设单位：西安天一信息科技有限公司
建筑规模：地上 31 层
建筑面积：总建筑面积 16.8 万 m²
　　　　　高 140m
方案设计：屈培青 高伟 张超文 魏婷
　　　　　阎飞 王琦 孙笙真 白少甫
　　　　　马麒胜 苗雨
工程设计：屈培青 张超文 魏婷 司马宁
　　　　　闫文秀 杜昆 潘映兵 姜令军
　　　　　陈晓辉 任万娣

01. 首层平面图
　　First Floor Plan
02. 方案效果图
　　Rendering

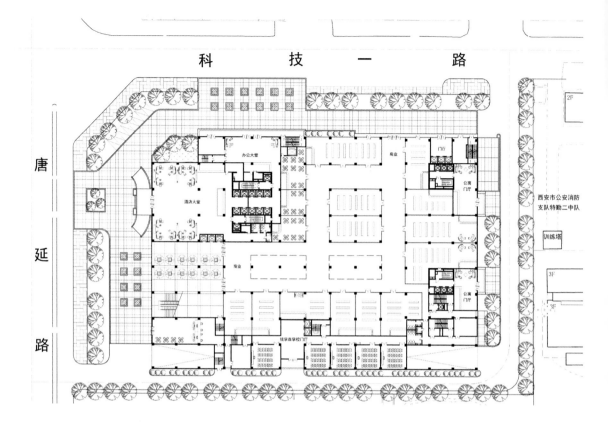

项目简介：

　　方案概况

　　高新青少年活动中心位于唐延路与科技一路交汇处东南侧用地，总用地 16483.9m²（24.7 亩）。项目总建筑面积 167584.8m²，其中地上 26 层，面积 122768.7m²，地下 3 层，面积 44816.1m²。容积率 7.45，建筑密度 52.2%，绿地率 20%。该项目是集教学拓展、青少年培训、商业、酒店、写字楼及公寓等功能为一体的大型综合体。

　　建筑功能

　　建筑地上部分由两座塔楼与裙房组成，西侧塔楼设计为超高层，地上共计 31 层。东侧塔楼 26 层，高度控制在 100m 以下，裙楼 4 层，控制在 24m 以下。其中，裙房部分主要为教学（钱学森实验班）、青少年培训、艺考培训、成人培训及少儿社会实践体验等功能。少儿社会实践体验城中孩子们可以像大人一样，在安全互动的环境中尝试各项工作，体验真实的社会活动，理解通过劳动取得报酬的生存道理，为未来的健康成长和职业发展打下良好的认知基础。西侧塔楼 8~17 层为写字楼，为培训机构与相关企业提供优良的办公空间。塔楼 19~31 层为酒店客房，能够满足外来培训教师、陪同家长以及商务人士短期住宿。东侧塔楼 5~26 层全部为配套公寓，可以给教职工及培训家庭提供一个较为长期的居所。建筑地下 3 层除少量设备配套用房外，全部为地下停车空间，停车位 1155 辆。

　　建筑风格

　　建筑风格采用了典雅的现代建筑风格。建筑裙房与主体塔楼均按照经典的竖向三段式精心设计。建筑整体强调竖向线条，竖向的富有细节设计的扶壁柱将整个建筑修饰得非常挺拔、高耸。整个建筑矗立在唐延路上，端庄、典雅，富有文化气质。裙房部分与塔楼通过立面的开窗形式及色彩变化塑造出韵律的变化的立面。裙房和主楼的顶部造型，采用了出挑的平屋檐方式，凸显舒展、端庄。檐口底部采用竖向构件，有节奏的排列，刻画出建筑顶部的细节。

　　色彩与材质

　　建筑外饰面主体材料均以石材为主，色调以米黄色与深咖色相结合。裙房主体外饰面部分均为深咖色石材，顶部檐口为深咖色石材与铝单板结合。两座塔楼主体采用米黄色石材与深咖色石材相互穿插的方式，顶部檐口为深咖色石材与铝单板结合。建筑色调内敛、素雅，总体颜色呈"下深，上浅"，这种方式凸显建筑的稳重与挺拔，也符合人们欣赏习惯。

01. 方案效果图
Rending

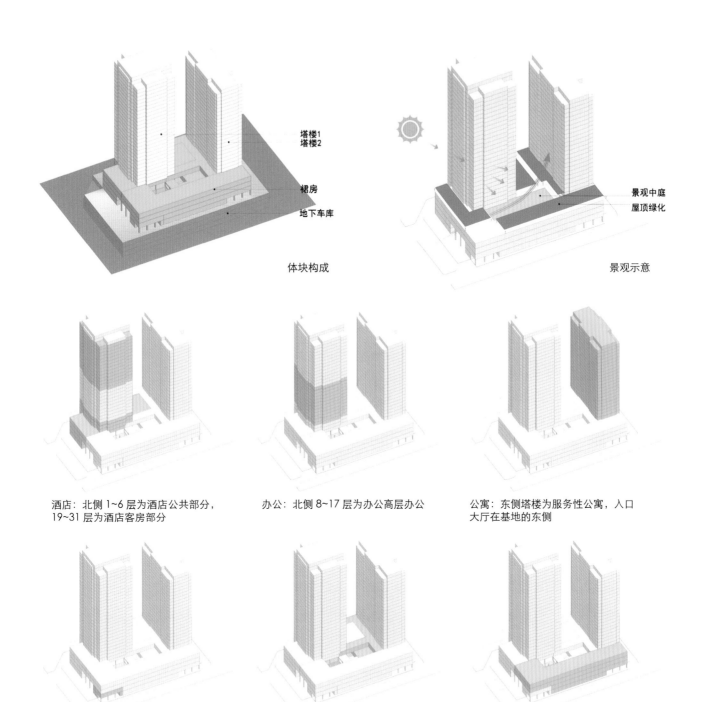

体块构成

景观示意

塔楼1
塔楼2
裙房
地下车库

景观中庭
屋顶绿化

酒店：北侧 1~6 层为酒店公共部分，
19~31 层为酒店客房部分

办公：北侧 8~17 层为办公高层办公

公寓：东侧塔楼为服务性公寓，入口
大厅在基地的东侧

商业：主要在一、二层裙楼

培训：二、三、四层分别设置青少年培训、
艺考培训和成人培训

钱学森实验班：在 1~4 层的南侧设置
实验班教室，入口独立设置

水晶 SOHO
CRYSTAL SOHO

建设单位：西安高新技术产业开发区房地产开发公司
项目名称：水晶 SOHO
建筑规模：建筑为地上 23 层
建筑面积：总建筑面积 11.5 万 m²
方案设计：屈培青 高伟 苗雨 张恒岩 魏婷

01.方案手稿（作者: 孙笙真）
  Programme Sketch
02.效果展示
  Rendering

01 | 02

项目简介：

西安水晶 SOHO 用地位于高新技术产业开发区科技六路以北、团结南路以西。净用地面积约为 13333.5m²，规划用地性质为商务金融用地。本方案地上 23 层，地下 3 层，总高度 95m，总建筑面积 114512m²，其中地上总建筑面积为 86262m²，地下总建筑面积为 28250m²。

设计构思

方案构思紧紧围绕"门"与"水晶体"这两个概念。试图在整个片区的平面与空间中放置一组"门"，并在门中镶嵌一颗水晶体。以此来突出"水晶 SOHO"的开放性与门户地位，同时也与其名称紧密相扣。

方案布局

方案整体布局打破了传统写字楼"中间核心筒，外套办公空间"的一贯模式，而是采用围合式布局。写字楼内部交通与辅助用房分别位于建筑的角部，将建筑的核心部位掏空作为中庭共享空间，在这里人们可以进行休息、交流、观光等多项活动。

功能分区

写字楼功能分区以垂直划分为主，地下2、3 层为停车场。地下 1 层至地上 3 层为商业，地上 4 层至 21 层为办公空间，22 层为屋顶花园。其中商业地下一层部分整体抬高 1.5 米，架于草坡之上，消除了环境与建筑的界限，实现了二者的自然过渡。同时，草坡表面开有天窗，能够将自然光与自然通风引入地下商业空间，可以有效提高其空间品质。

办公空间整体布局以相互环抱的两个"门"字形围合布置，南北对称。办公空间内部设置地下 1 层至 21 层通高共享中庭。同时，方案

在南北办公区域的衔接部分每隔两层设置一个休息平台，并在中庭的四个角部错层设置阳光房，既丰富了空间层次，也给使用者提供充足的休闲、洽谈场所。22 层为全开敞式屋顶花园。在这里，人们可以尽情享受阳光、呼吸新鲜空气、俯瞰美景。同时，也为企业举办 party 等活动提供了便利场所。

造型构思

建筑主体框架造型源于"门"的形态，寓意开放，包容之意。同时也象征着水晶 SOHO 将成为该地区新的门户与地标。本方案另一构思源于水晶首饰工艺品。我们将玻璃幕墙包裹的写字楼主体，镶嵌于混凝土框架中，加以商业底座衬托，并施以精细雕琢。最终，呈现在人们眼前的建筑将会是一件艺术品，晶莹剔透的建筑与"水晶 SOHO"的名字紧密相扣。

景观生态

景观生态方面，一方面，该方案在底层通过抬高坡地的方式，将景观、自然采光与通风引入建筑地下空间，一改以往人们对地下室内空间的认知。第二方面，通过方案内部的通高中庭，南北办公区域衔接各层设置的休息平台以及中庭四个角部错层设计的阳光房，将自然光和通风充足的引入到建筑内部，加之局部精致的景观小品搭配，能够形成良好的生态景观环境，有利于改善其工作情绪，提高工作效率。第三方面，建筑内部四个主要垂直交通核紧紧环绕中央庭院，自然采光充足、通风良好，空间开敞、明亮，有效地改善了传统高层写字楼交通核封闭、拥堵的状况。

丰富的中庭空间

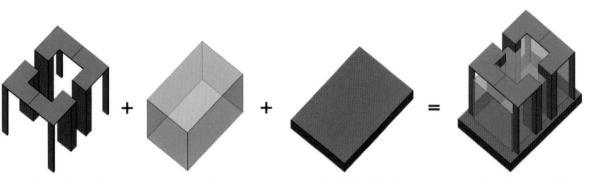

选取繁体字"門"的意
向作为建筑的主体框架

置入"水晶体"作为
建筑的核心空间

铺垫沉稳的基座，为
底层商业提供空间

将三者结合，沟通构
筑出建筑体量

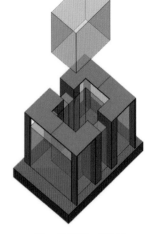

进一步推敲，抽空内
庭，扩大共享空间

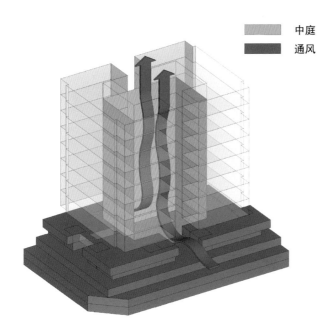

中庭
通风

建筑通风

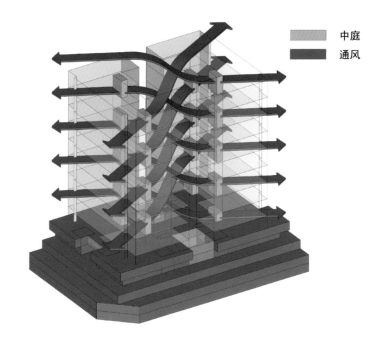

中庭
通风

建筑通风

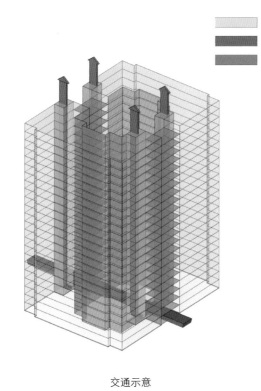

垂直交通核
交通流线
中庭空间

交通示意

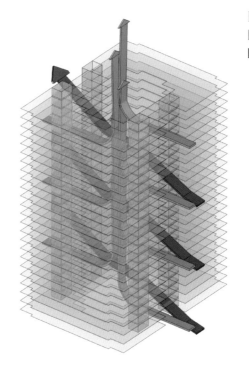

垂直交通核
垂直通风
水平通风

通风示意

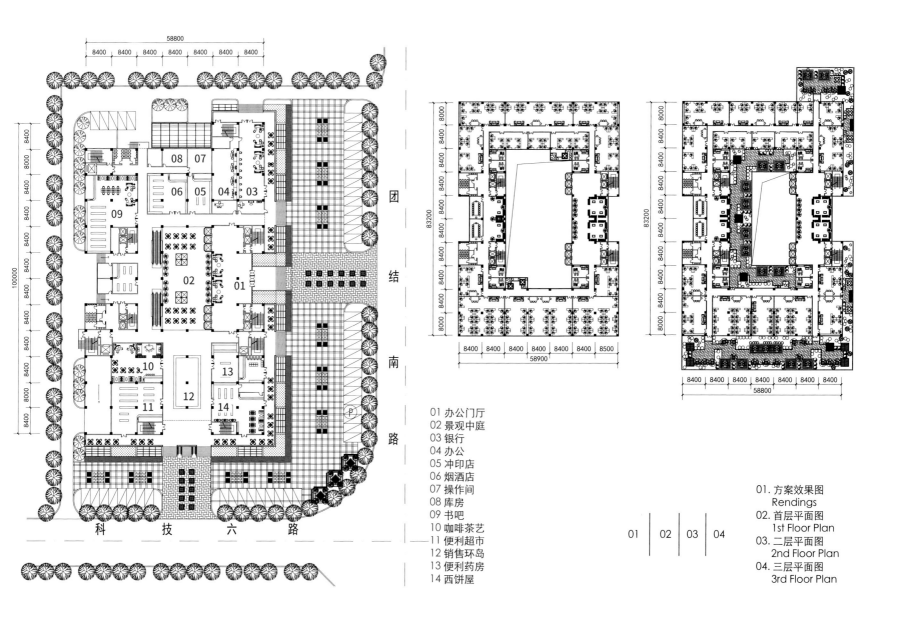

01 办公门厅
02 景观中庭
03 银行
04 办公
05 冲印店
06 烟酒店
07 操作间
08 库房
09 书吧
10 咖啡茶艺
11 便利超市
12 销售环岛
13 便利药房
14 西饼屋

01 02 03 04

01. 方案效果图
Renderings
02. 首层平面图
1st Floor Plan
03. 二层平面图
2nd Floor Plan
04. 三层平面图
3rd Floor Plan

中国电子西安产业园

CHINA ELECTRONICS XI'AN INDUSTRIAL PARK

建设单位：中国电子西安产业园发展有限公司
建筑规模：地上 4~25 层，地下 1 层
建筑面积：总建筑面积 92 万 m²
方案设计：屈培青 王琦 张超文 孙笙真 王一乐
工程设计：屈培青 张超文 赵明瑞 王琦 魏婷 王一乐
　　　　　马麒胜 王晓玉 姜令军 黄惠 季兆齐

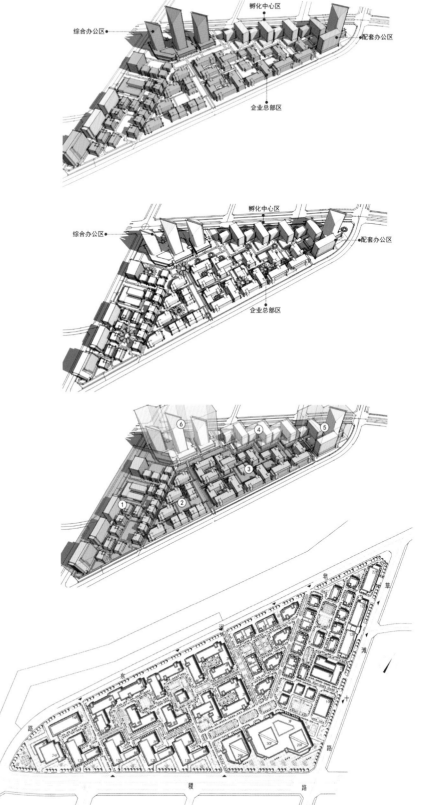

01. 规划鸟瞰图
    Aerial View
02~04. 功能分析图
    Function Analysis Diagram
05. 规划总平面
    General Plan

	02
01	03
	04
	05

项目简介:

　　该项目是中国电子信息产业集团在西安开发的第一个产业园区。项目基地位于陕西省西安经济技术开发区草滩生态产业园草滩十路以西,尚稷路以北,总占地面积约 470 亩,规划总建筑面积约 92 万 m²。项目整体规划以开放式园区为主旨,规划道路系统、步行系统与城市道路相协调,各个功能区域有机地布置于其中。综合办公区域布置于用地的东南角,整个区域由三栋高层建筑及 3 层裙房建筑构成,形成园区的主要形象展示区域。企业总部区域位于用地北侧及东北区域,整个区域主要由多层建筑围合而成,形成低容积率,结合北面的皂河形成高品质的生态总部园区。整个企业总部区域按开发节奏,分为一、二、三期。孵化中心区域位于用地沿尚稷路段,紧邻综

合办公区域,作为高密度的办公产业业态,该区域中以小高层为主要建筑形式。并通过序列的形式形成主要的园区沿街立面。配套服务产业区域位于用地的最西侧,是对整个园区其他区域的补充和配套设置。

　　在整个园区的规划建筑设计中,建筑单体采用石材与金属的材质相互搭配,形成现代前卫的建筑风格。建筑规划路网主次清晰,并设置有多层次的景观节点。在景观设计中通过对道路、照明、配套设施、绿植的综合设计,一方面形成开放性和指向性极强的景观轴线,另一方面通过尺度和私密空间的设计形成宜人舒适的景观空间,从细节到宏观全方位地提升整个园区的景观环境。

01   02
      03

01~03. 单体效果图
Rendering

西安电子科技大学科技产业集团烟台产业园

THE INDUSTRIAL PARK OF XI'AN XIDIAN
UNIVERSITY'S TECHNOLOGY INDUSTRY
GROUP IN YANTAI

建设单位：烟台西安电子科技大学科技园有限公司
建筑规模：地上 4~25 层，地下 1 层
建筑面积：总建筑面积 38.7 万 m²
方案设计：屈培青 王琦 王一乐 张超文
工程设计：屈培青 张超文 崔丹 王琦 刘婧
　　　　　许玉姣 姜令军 马超 季兆齐

项目简介：

　　该项目是西安电子科技大学科技产业集团在烟台开发的第一个产业园区。项目基地位于山东烟台市高新区内，北临火炬大道，南临辛安河畔，东临海澜路。基地北侧有地块有一定高差，南侧地块相对平坦。总占地面积约 337.5 亩，可建设用地面积约 182.5 亩，规划总建筑面积约 38.7 万 m²。产业园区从北至南依次由综合办公、企业中心、孵化中心、创意中心和交流中心五个区域构成，其中企业总部、企业中心与孵化中心之间夹合而成的带状空间配合绿化、景观设计，形成整个园区的主要轴线，并在海澜路和海河西路上形成园区的两处主入口；同时结合企业总部的智慧大厦和交流中心的国际交流中心两处标志性建筑形成两处小型城市广场，从而更好地提升园区的城市名片效应。整个园区设计为人车分流系统，每个区域均设有地下停车场。

01. 规划总平面图
　　General Plan
02. 规划鸟瞰图
　　Aerial View
03、04. 单体效果图
　　Rendering

现代建筑 西安电子科技大学科技产业集团烟台产业园 083

西安军民融合产业园规划及建筑设计方案

CONCEPT PLANNING AND DESIGN OF XI'AN CIVIL MILITARY INTEGRATION INDUSTRIAL PARK

建设单位：西安市高新区军民融合产业建设发展有限公司
建筑规模：地上 4~25 层，地下 1 层
建筑面积：总建筑面积 33.6 万 m²
方案设计：屈培青 常小勇 阎飞 孙笙真
　　　　　王一乐 白少甫 高羽 朱原野

项目简介：

一、规划篇

西安军民结合产业园总部（核心区）基地位于西安高新区西南方向处。北临毕原二路，西接上林苑一路，南接X309县道，东临丈八八路，规划总用地10.67hm²（160亩）。总建筑面积33.6万m²。基地东侧的丈八八路为主要道路，因此，本方案力图将标志性建筑沿丈八八路布置，起到吸引人流，提升项目标示性及丈八八路城市天际线引导的作用。规划中以基地东侧为主入口进入园区，主入口的两侧以一组双子塔造型的高层塔楼作为进入园区的门户，塔楼之间用连廊进行连接，方便两座楼之间的交往，具有较强的仪式感。象征军民结合，纽带相连。进入园区内，正对中心的是一个巨大的景观下沉广场，这里既分隔了基地南北的空间，也成为整个园区公共设施的集中空间。将小商业、餐饮、休闲会议等公共功能布置于此，可以最便捷地满足员工使用。下沉广场的植入，可以极大地丰富空间层次，同时做到功能中动静合理分区。下沉广场四周围合形成的分别是工程中心、实验与检验中心及配套生活综合服务区。其中，庭院南侧主要为工程中心，其布置形式采用快捷、高效、连续的鱼骨式布局形式，使得生产、运输以及吊装配置都十分方便，楼宇之间也留有充裕的货柜车停放场地。宽敞的连廊将数栋工程中心贯穿起来，方便产品及员工的无障碍流通。连廊底层做架空处理，方便大型车辆周转运输。庭院北侧，以较为封闭的围合式庭院布局，采用半开敞的组团内部庭院以及私密的自围合式庭院，这也是利用空间语言在营造产业园区内较为私密的涉军企业功能空间。

二、建筑篇

1. 孵化器、研发中心位于基地的主入口位置，两栋拔地而起的双子塔楼共同形成了园区的形象，为了全面展现园区的时代精神，隐喻着军民结合这一项目的主要立意，我们从多角度入手进行方案设计，形成了"扬帆"、"飞扬"、"律动"三个各有特色的建筑造型。

2. 工程中心与实验与检验中心，模块化的建筑形体布置预示了现代产业园的项目特性。但这种建筑形态并不是兵营式的、呆板的，他们互相围合形成着丰富的外部空间。体块之间相互咬合的形式将建筑与功能有机的嵌套起来，色彩与肌理同工程中心保持一致。建筑立面采用极具工业感与现代风格的单元玻璃幕墙形式，屋顶采取绿化处理，丰富了园区景观。

三、景观篇

园区内的景观规划通过对道路、照明、配套设施、绿植的综合设计，一方面通过开放性和指向性的设计形成主要的景观轴线，另一方面通过尺度和私密空间的设计形成数个宜人舒适景观空间。从细节到宏观全方位地提升整个园区的景观环境。

01. 鸟瞰效果图
Aerial View Rendering
02、03. 庭院分析图
Courtyard Analysis

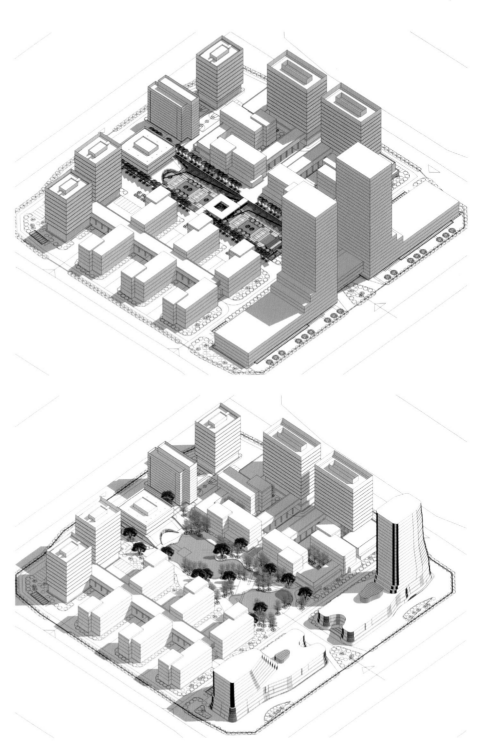

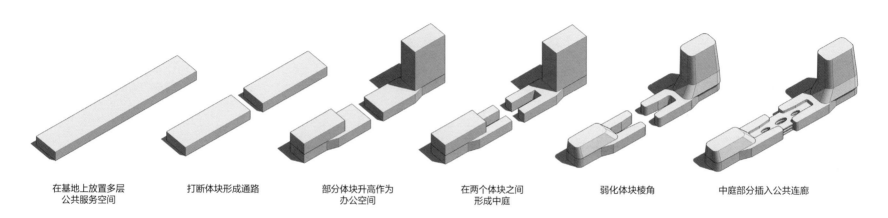

在基地上放置多层
公共服务空间

打断体块形成通路

部分体块升高作为
办公空间

在两个体块之间
形成中庭

弱化体块棱角

中庭部分插入公共连廊

01 | 03
02
01、03. 效果图
Rendering
02. 体块生成
Block Generation

　　方案一"扬帆"，以一高一低两组不同体量的建筑布置在基地东侧，建筑方案圆润而灵动，以自由的曲线和自由的体块让建筑与城市发生微妙的动态视觉沟通，人们在行走之间可以感受视觉与空间的连续变化。白色的体量和水平向自由的开窗，为园区打造出一艘即将扬帆出海的舰艇，破风而行。方案集办公、零售、娱乐为一体，成为城市生活的一个重要组成部分。设计灵感来自规模宏大的航母，两组连续流动的形体通过桥梁连接在一起，彼此协调，成为一个无死角的流动性组合。

　　内庭传承中国传统庭院气度，创造一个联系的开放空间。在这里，建筑不再是刚性的，而是柔性的、适应性的、流动性的。群体建筑拥有鲜明而强烈气场，在连贯的群体之中也拥有合理的私密空间。底部三层是开放娱乐功能，之上是办公场所，顶部是可以瞭望宏伟城市的酒吧、餐厅还有咖啡厅。这些不同的功能被天衣无缝地集结在一起，成为城市中一个重要地标。

建筑延中轴对
立作为门户

以曲线融合建筑
塔楼与裙房

分隔主体办公
与商业

体块削减作为屋
顶平台

设备位于顶楼，用平滑
曲线过度两塔楼

01 | 03
02 |

01、03. 效果图
Rendering
02. 体块生成
Block Generation

方案二"飞扬"，以两栋相同体量的建筑布置在主入口两侧，中间以连廊相接。建筑体型由弧形将裙房与主楼做圆润过渡，使得整体自由而有机。建筑造型简洁、稳重、大方、得体，通过空间的渗透、体型的对比、韵律的营造等手法，给人以强烈的震撼力和感染力。立面采用竖向分隔的玻璃幕墙，使得建筑比例更加修长，同时竖向也象征了一种稳定而宁静的气氛。幕墙上的金属构件精致而分布有致，很好地体现了"飞扬"的寓意。

完整、均衡、对称、统一的建筑布局和环境景观设计，使大楼与中央景下沉景观服务区的主轴线取得了良好的"对位"和"对景"关系，从城市规划和城市设计的高度解决了建筑与城市的对话关系，体现了建筑对城市的尊重与融合。

引入高大中厅"四季厅空间"和"生态概念"，把挺拔的棕榈树和南国的热带植物环境引入室内，营造郁郁葱葱的绿色环境，展现生态特色，从而极大地改善办公环境，提升建筑的品位和档次。发散式的交通组织很好地解决了基地与城市路网的衔接问题，科学、有机地解决了人流、车流、物流等各种流线的组织。微观层面上，办公空间采用了弹性布局的概念，标准层大开间的布局模式，使得空间可分可合，从而实现了建筑多用途和可持续发展的目标。

建筑延中轴对称
设立作为门户

塔楼部分后移
高层与裙房咬合

屋顶倾斜提升挺拔感

平滑曲面过渡体块

转角细化处理形成入口

现代建筑 西安军民融合产业园规划及建筑设计方案

01 | 03
——————
02

01、03. 效果图
Rendering
02. 体块生成
Block Generation

　　方案三"律动"，以东入口中心为轴线，方案中两条 140m 高自由而连续的曲线由高致低扭转而下，一气呵成，高度至裙房时，建筑立面渐渐转变为屋面，这种维度上的微变所带来的视觉感受为观者带来一种全新的视觉体验。建筑造型始终强调建筑在城市中的雕塑感，用简洁而有力的形体来为建筑自身带来生生不息的动态美感，成为城市中一处流动的雕塑，使人过目不忘。建筑方案手法简洁而统一，立面高度纯净而富有动感。

　　从功能上来讲，这种动感的造型也能为大厦本身减少风荷载所带来的风压，相比于同类建筑多达 24% 以上。

　　开放式中庭顶部设有活动屋盖，借由"烟囱效应"有效控制中庭内的空气流动，改善了南北部阅读空间的通风问题。

　　建筑东西立面上设置了玻璃幕墙和垂直绿化相结合的绿色遮阳系统，可以在保持良好的绝热和对夏季得热控制的前提下，使建筑空间获得更多的自然采光。同时它还可以充当视觉屏障和消声器，为室内空间提供相对安静的环境。在不同标高设置的屋顶绿化及室外庭院形成了一个立体的景观生态系统。建筑东面由绿坡次第升起的景观平台；中庭的连廊顶部的景观平台；建筑顶部两层布置的若干小庭院；建筑屋顶的种植屋面，这些设置增加了建筑的生态多样性，同时也改善了室内的空气质量，在建筑体系内形成了更加健康适宜的小气候。

灞河右岸文化产业综合服务园区

CULTURAL INDUSTRY COMPREHENSIVE SERVICE
PARK IN THE RIGHT BANK OF BAHE RIVER

建设单位：西安世园投资（集团）有限公司
建筑规模：地上 4 层，地下 2 层
建筑面积：总建筑面积 19.3 万 m²
方案设计：屈培青 王琦 张超文 王一乐 孙笙真 苗雨 唐亮

项目简介：

　　本项目位于西安市浐灞新区，北临香槐路，南临世博东路，东临东三环，西临黄邓路，规划用地面积 63124m²（约 94.69 亩），基地基本为方形，基地与周边道路连接良好，交通便利，是理想的建设用地。规划用地性质未定，本方案为其定性为商业用地。方案地上 5 层，地下 2 层，总高度 76m，总建筑面积 193568m²，其中地上建筑面积 99775m²，地下建筑面积为 93793m²，容积率 1.6。

　　设计构思

　　方案构思紧密围绕浐灞生态区的"生态"特色，将方案设计成为世园会周边的一块新的服务于城市的"绿色健康地带"。灞河地区有着悠久的历史文化，又伴随着世园会的建设而再次成为西安人民心中的一块净土。本方案紧紧抓住"文化"的主题，引入"体验"的概念，在浐灞地区创造一个新型文化"服务"航母。通过吸引浐灞周边、西安市民乃至西北地区的游客，聚集起人气、口碑，提升浐灞地区的价值。

01. 效果图
　　Rendering

方案布局

本方案由于周边资源所限，打破传统城市文化活动中心的概念，将商业、艺术工坊、兴趣体验、生活体验、极限运动体验等部分融入方案中，使其成为一个综合的、多功能的市民文化活动中心。方案尽可能地创造优良的生态环境，尽可能提供更多的阳光、空气到室内，提供给人们更丰富、更加注重体验感受的吃、学、玩、购等特色服务。

功能分区

本方案功能较为复杂，总体分为儿童生活体验、极限运动体验、艺术兴趣体验及商业配套设施等四大部分。地下二层主要为停车场，中心庭院一直将阳光和空气引入地下一层，成为人们进入活动中心的向导。

方案的核心功能分为三个部分，分别是儿童生活体验、艺术兴趣体验和极限运动体验；辅助配套则分为商业、餐饮、影院、超市等若干部分。不同的功能被配置于不同的建筑体块中，由中央庭院上空的廊道连接。南侧体块主要为儿童生活体验部分，该部分地下一层为儿童职业体验，一层为儿童传统文化体验，二层、三层主要为儿童的精品店、书店及咖啡、休闲功能，四层主要分布儿童参与的小剧场及大型的生态农场，五

01. 规划鸟瞰图
Aerial View Rendering

层为儿童游乐场。西北体块主要为艺术兴趣体验部分，该部分地下一层为儿童兴趣培育班，一层为画廊和小型展览场所，二至四层则为艺术家工作室，其间分布小型的沙龙及交流中心和展览空间，五层则为大型的沙龙 show 场，可以提供大型的发布、展览等活动。东北体块主要为商业配套设施部分，该部分地下一层为超市、家居生活馆，一层、二层主要为商业精品店，三层、四层主要为餐饮部分，五层设计为电影院。中央庭院内部主要设计为极限运动的场地，为轮滑、速降、攀岩等活动提供阳光、空气及所需要的场地。庭院上空的廊道除了交通功能之外，还兼做一部分的户外、体育用品精品店，满足部分极限运动消费者的需要。

造型构思

本方案形体上化整为零，将各个不同功能的体块分散布置于不同的位置，通过一个架空的廊道进行串联。方案形态上以"聚"为出发点，将"气"引入场地，引入建筑，激"活"人们的体验，激"活"建筑空间。本方案造型灵动、有活力，通过不断地旋转、切角，将形体打磨，创造动感、活泼的形态之外，还创造了更多的绿化、景观条件及人与人之间交流、活动的可能性。方案形态整体较为平缓，在庭院中将一个"塔"作为形态上的突破点，造就场所的第一制高点外，为浐灞地区还提供了一个崭新的享受视觉"绿色"、"生态"的场所。

02. 效果图
Rendering

沣西新城无人机产业化基地规划及建筑方案设计

FENGXI NEW CITY UAV INDUSTRY BASE
PLANNING AND ARCHITECTURAL DESIGN

建设单位：西安爱生技术集团公司
建筑规模：地上 2~7 层
建筑面积：20 万 m²
方案设计：张超文 王琦 孙笙真 高伟
　　　　　王一乐 白少甫 马麒胜 朱原野

项目简介:

　　本项目位于西咸新区沣西新城咸户路以西,天府路以南,天元路以北,紧邻渭河和新河两河交汇处,南北纵向延展1075m,东西横向跨度420m,总占地605亩。本项目设计构思旨在形成与市场相同、与城市互动的时代理念,同时建设舒适、高效、绿色、生态、亲和的园区空间,并在建筑细节设计中体现出多元化、专业化的建筑品质。

　　方案规划构思紧扣生态、科技两个基本要素,结合无人机的特点,形成了以贯穿南北的生态轴线,并用弧形的规划构图勾勒出无人机展翼高翔的动态瞬间。建筑单体依势也以弧线的形态分布于生态轴线两侧,将其中的大体量建筑合并从而形成园区中心,周边建筑均衡布置,形态自由有序,空间丰富舒适。各个建筑单体之间通过贯通于生态轴线之上的步行桥进行连接,使园区内人行车行、科研生产合理分流,同时也形成了立体多层次的视觉感官。

　　建筑整体立面以白色为主,体现出航空航天的主题色调,并通过自由弧线的建筑轮廓辅以园区整体绿化的衬托和局部庭院空间的点缀,全面展示出了无人机产业园区高端、富有时代感的特征。

01、04. 鸟瞰图
Aerial View Rendering
02、03. 效果图
Rendering

	02
01	03
	04

紫薇田园都市示范高中

ZIWEI TIANYUANDUSHI COMMUNITY
DEMOSTATION HIGH SCHOOL

建设单位：西安高科（集团）长安园实业发展有限公司
建筑规模：48 班，人均建筑面积 20.83hm²
建筑面积：总建筑面积 50000m²
方案设计：屈培青　姜宁　常小勇　窦勇
工程设计：屈培青　窦勇　常小勇　姜宁
　　　　　骆长安　马超　张学军　季兆齐
获奖情况：全国优秀工程勘察设计行业奖建筑工程三等奖
　　　　　陕西省第十三次优秀工程设计　　　　　二等奖
发表论文：《紫薇田园都市国际学校和国家级示范高中》
　　　　　《建筑学报》2006 年 2 期

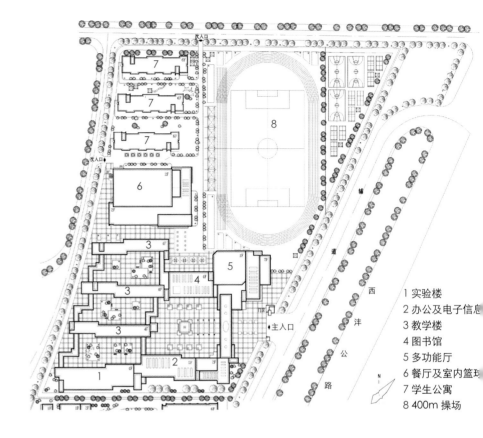

1 实验楼
2 办公及电子信息
3 教学楼
4 图书馆
5 多功能厅
6 餐厅及室内篮球
7 学生公寓
8 400m 操场

项目简介：

　　紫薇田园都市国家级示范高中，位于西安长安科技产业园和紫薇田园都市社区，是西安第一所国家级示范高中。高中三个年级，共 48 个班，学生人数 2400 人，总用地 120 亩 (8hm²)，总建筑面积 5 万 m²。

　　学校用地东侧紧邻西沣公路，交通十分便利。总体主要功能布局分为教学区、体育运动区、生活区三部分，并通过几个大小不同校园广场，将三部分有机地连为一体。

　　校区主要入口设在东侧。主入口处设计了一个文化广场，稳重严谨，是学校举行重大仪式活动的场所。在入口处设计了一个三层通高的门架与办公楼和多功能厅组合为一体，寓意振奋和进取。通过门廊与建筑的围合，形成了一个室外广场，既起到交通导向作用，又隐喻着知识的大门是走不完的。广场尽端设计了一座钟塔，提醒学生准时到校，整个钟塔作为学校文化中心的标志，强调了校园广场的轴线序列，丰富了广场景观。入口广场南侧为行政办公楼，北侧为图书楼及多功能厅，西侧则为主要教学区。教学区是学生学习、活动、交流最集中的区域。教学区由南向北依次为一幢实验楼与三幢教学楼，以教学楼为中心，通过连廊将教学区各楼连为一体，既起到交通连接，又围合了校园空间，丰富了空间层次。

　　教学区北侧布置体育馆、餐厅及学生教师公寓。将 400m 运动场布置在用地东北角，紧临城市主干道，便于将校园的总体风貌展现给外界，又减少城市噪声对学校的干扰。

　　在校园西侧生活服务区临西边城市道路设计一个辅助出入口，主要为生活、餐饮和消防服务。

　　在建筑风格及形体上采用板块穿插、立体构成的设计手法，高低错落并且插接自然、塑造出简约的建筑型体。建筑色彩以米黄、白色为主基调，稳重大气，不失活泼，强调了师生的亲和力。

01. 总平面图
General Plan

02. 入口效果图
Entrance Rendering

03、04. 入口实景照片　（摄影：屈培青）
Entrance Photo

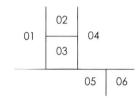

01. 入口实景照片 （摄影：屈培青）
Entrance Photo

02、03. 教学楼实景照片 （摄影：屈培青）
Academic Building Photo

04. 一层平面图
1st Floor Plan

05. 内部庭院实景照片 （摄影：屈培青）
Inner Court Photo

06. 教学楼内部实景照片（摄影：屈培青）
Academic Building Inner Photo

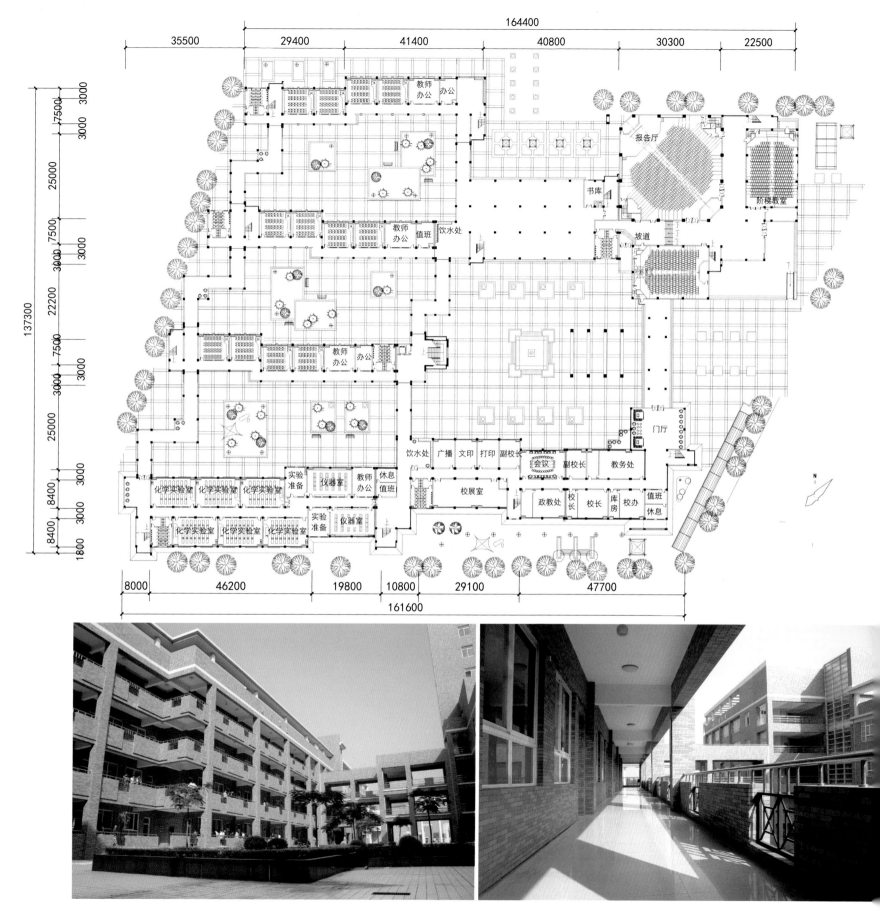

教师办公 办公

报告厅

书库

阶梯教室

教师办公 值班 饮水处

坡道

教师办公 办公

化学实验室 化学实验室 化学实验室 实验准备 仪器室 教师办公 休息值班

饮水处 广播 文印 打印 副校长 会议 副校长 教务处

门厅

化学实验室 化学实验室 化学实验室 实验准备 仪器室

校展室

政教处 校长 校长 库房 校办 值班休息

西安高新国际学校

XI'AN GAOXIN INTERNATIONAL SCHOOL

建设单位：西安高科（集团）长安园实业发展有限公司
建筑规模：60 班，人均建筑面积 20.33 m²
建筑面积：总建筑面积 48000m²
方案设计：屈培青 姜宁 张超文
工程设计：屈培青 张超文 贾立荣 姜宁
　　　　　骆长安 季兆齐 毕卫华 高莉
获奖情况：陕西省第十三次优秀工程设计二等奖
发表论文：《紫薇田园都市国际学校和国家级示范高中》
　　　　　《建筑学报》2006 年 2 期

项目简介：
　　项目位于西安长安科技产业园和紫薇田园都市社区，是西安第一所国际学校。学校总用地面积 100 亩，总建筑面积 48000m²，其中校舍建筑用地 9500m²，运动场用地 7500m²。
　　入口广场：广场以凹形行政楼为中心，教学楼与办公楼南北呼应形成开放礼仪空间，强调了学校属性。
　　主要教学区：学校主要教学分为中国部和国际部：中国部 42 个班，可容纳学生 2000 人，国际部 18 个班，可容纳学生 360 人，教学楼、实验楼互相围合布置，通过走廊将教学区各楼连为一体，既起到了交通连接，又围合了校园空间，丰富了空间层次。
　　主要生活区：综合楼、公寓、操场等围合了一个生活、运动、交流的多空间场所，使整个校园通过各种不同功能的广场、空间、教学建筑，将学校文化从教育引申到学校的每个角落。在功能及精神方面给师生提供一个自然开放、无拘无束的学习交流和精神依托的场所。
　　建筑风格：在建筑风格上采用体块构成手法，高低错落，插接自然、丰富的建筑天际线，简洁大方的建筑型体。建筑色彩以白色主基调配以红色点缀，亲切活泼，强调师生的亲和力。

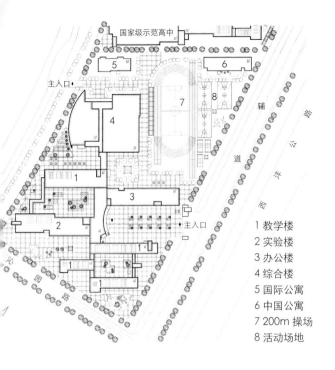

1 教学楼
2 实验楼
3 办公楼
4 综合楼
5 国际公寓
6 中国公寓
7 200m 操场
8 活动场地

01 | 02 | 03

01. 入口实景照片 （摄影：屈培青）
　　Entrance Photo
02. 总平面图
　　General Plan
03. 教学楼实景局部 （摄影：屈培青）
　　Academic Building Inner Photo

<table>
<tr><td>01</td><td rowspan="2">03</td><td>04</td></tr>
<tr><td>02</td><td>05</td></tr>
</table>

01、02. 教学楼入口实景 （摄影：屈培青）
Academic Building Entrance Photo

03. 首层平面图
1st Floor Plan

04. 教学楼实景图片 （摄影：屈培青）
Academic Building Photo

05. 综合楼实景图片 （摄影：屈培青）
Integrated Building Photo

银川市第二中学国家级示范高中
YINCHUAN NO.2 HIGH SCHOOL

建设单位：银川市第二中学
建筑规模：60 班，人均建筑面积 23 m²
建筑面积：总建筑面积 69000m²
方案设计：屈培青 姜宁 常小勇
工程设计：屈培青 常小勇 贾立荣 姜宁
　　　　　单桂林 毕卫华 任万娣 兰宽
获奖情况：全国优秀工程勘察设计行业奖建筑工程三等奖
　　　　　陕西省第十五次优秀工程设计　　　一等奖

	02	
01		
	03	04

01、03. 入口大门雕塑　（摄影：屈培青）
Entrance Gate Sculpture
02. 入口广场实景　（摄影：甲方供）
Entrance Square Photo
04. 钟塔实景照片　（摄影：甲方供）
Clock Tower Photo

项目简介:

在校园规划上,应创造好学校的空间环境,反映出学校学习、交流、开放、进取的特征。在满足国家级示范高中标准要求的前提下,使功能布局和交通流线合理,利用建筑形体的围合,将学校的功能序列与环境空间有机地组合穿插在一起,通过建筑外部开敞空间和建筑内部扩展空间的组合渗透,创造外部场所连续的空间感和层次感。

创作中建筑群通过广场和连廊这条明确的交通主轴线,前后左右向外围,逐渐延展出多组建筑空间,并将中国传统书院中的门、壁、堂、厅、院的手法,通过现代的语言符号加以解释,并应用到学校建筑的创作中,从校园的建筑文化折射出建筑对民族文化和传统教育的理解和表达。

在学校入口处设计了一个文化广场,庄重而严谨,是学校举行重大仪式活动的场所。首先在广场前用夸张的手法设计一组5层高的门架,并且用一个横向浮雕将5个门架连为一体,同时与办公楼和多功能厅组合成一体。通过门架横向托起一副超长厚重的浮雕,浮雕上刻有贺兰山岩画以及二中的建校历史,这组门架寓意了知识的大门是永无止境的,当我们走进这知识的大门就肩负起了历史的重任。功能上,门廊与建筑围合的室外广场,起到了交通导向作用,又隐喻了知识的大门是走不完的。进入门架后可以看到学校建筑碑和升旗台,在广场的两侧由绿化和雕塑组成,在广场尽端采用的是现代的设计手法将一个40多米的塔楼与图书馆组合为一体。在塔楼顶部设计了一个钟塔,提醒学生按时到校,整个钟塔将作为学校文化中心的标志。在塔的西边设计了一个浮雕与对面城市公园和海宝塔相互呼应。在塔顶布置一个铜钟,铜钟面向北塔,钟上刻有学校的建校史,作为学校举行重大庆典的一种仪式,同时将钟塔作为一种荣誉的象征,每年获得省市三好学生以及考入北大、清华的优秀生将有幸登塔敲响铜钟,同时将优秀学生的名字刻在钟塔的墙壁上,示意将校园文化与校园精神传承下去。

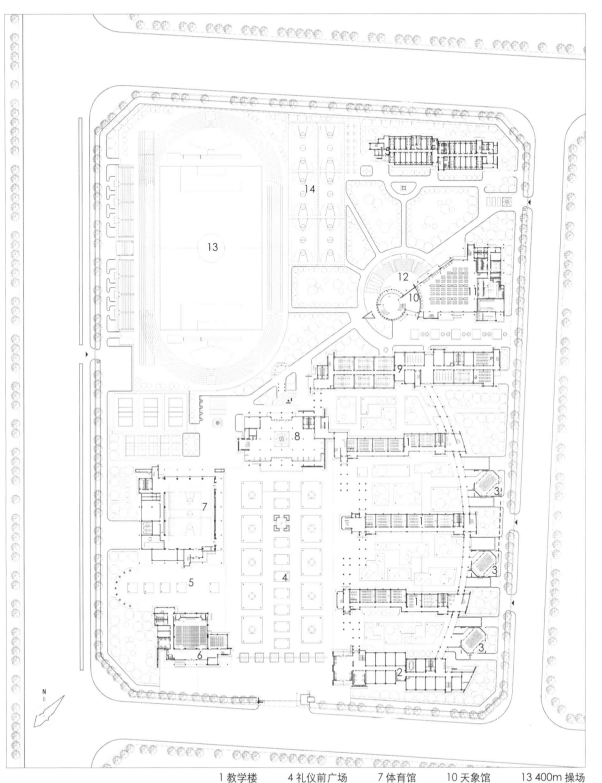

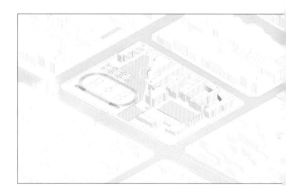

园区广场　礼仪前广场　文化广场　音乐生活广

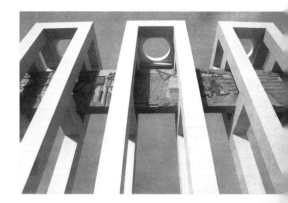

1 教学楼	4 礼仪前广场	7 体育馆	10 天象馆	13 400m 操场
2 行政楼	5 文化交流广场	8 图书馆	11 餐厅	14 篮球场地
3 阶梯教室	6 多功能厅	9 实验楼	12 音乐广场	15 师生宿舍

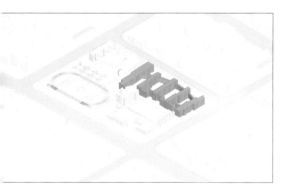

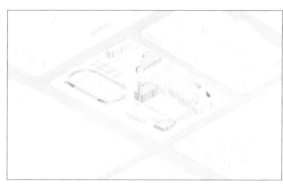

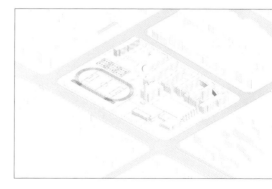

教学区   教学楼   行政楼   实验楼

教学配套   天象馆   图书馆   多功能厅

生活配套   宿 舍   行政楼   体育场

01. 天象馆实景照片　（摄影：甲方供）
Planetarium Photo
02~04. 体育馆实景照片（摄影：屈培青）
Gymnasium Photo

曲江第一中学、曲江第一小学

XI'AN QUJIANG NO.1 HIGH SCHOOL

XI'AN QUJIANG NO.1 PRIMARY SCHOOL

建设单位：西安曲江新区社会事业管理服务中心

建筑规模：中学 48 班、小学 24 班，中学人均建筑面
积 14.84 m²，小学人均建筑面积 14.18m²

建筑面积：总建筑面积 39806m²

方案设计：屈培青 李大为 张超文 常小勇

工程设计：屈培青 张超文 李大为 单桂林 姜令军 马超 阎明

获奖情况：全国优秀工程勘察设计行业公共建筑三等奖
　　　　　陕西省第十七次优秀工程设计　　　一等奖

项目简介：

　　项目选址位于西安市东南部曲江新区，东部曲江大道，西依中海国际熙岸社区。总用地约 6.2hm²（92.9 亩），曲江一中设 48 班，曲江小学设 24 班。学校以主入口文化广场为核心，形成开放的礼仪空间，以广场和教学楼交通组织为交通轴线，向外延展多组建筑，内部外部空间围合渗透，相互穿插，创造外部场所的空间感和层次感。在建筑风格上，整个中小学用简明的几何形体，在多视角上采用了形体穿插、虚实结合、空间渗透、点线面重构等构成手法，形成不同材质，不同体块的相互嵌入、高低错落之感，创造出具有雕塑之美的空间形体，以自身厚重、沉稳、坚实的建筑造型表现出极富张力与文化内涵的当代建筑形态。充分彰显当代校园建筑的大气，含蓄且不失开放的特色。而丰富的建筑天际线，不仅加强了校园建筑的趣味性，更显出校园建筑自由性的一面。在建筑色彩上以砖红色和素混凝土灰白色为主基调，彰显学校理性与感性相结合的特色，形成一定的视觉冲击力。两种不同主色调的搭配与曲江附近唐风建筑色彩形成呼应，跳出形象上的模仿，在现代与传统之间用建筑色彩语言找到了一种契合点，架起了传承与发展的桥梁。

01. 中学鸟瞰图
Middle School Aerial View

02 中学入口实景照片（摄影：贺泽余）
Entrance Photo of Middle School

1 宿舍楼
2 实验楼
3 体育馆
4 教学楼
5 报告厅
6 办公楼
7 300m 操场

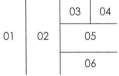

01. 中学总平面图
Middle School General Plan
02. 中学钟塔实景照片 （摄影：贺泽余）
Middle School Clock Tower Photo
03. 中学鸟瞰图
Middle School Aerial View
04. 中学细部实景照片 （摄影：屈培青）
Middle School Detail Photo
05、06. 中学教学楼实景照片（摄影：屈培青）
Middle School Academic Building

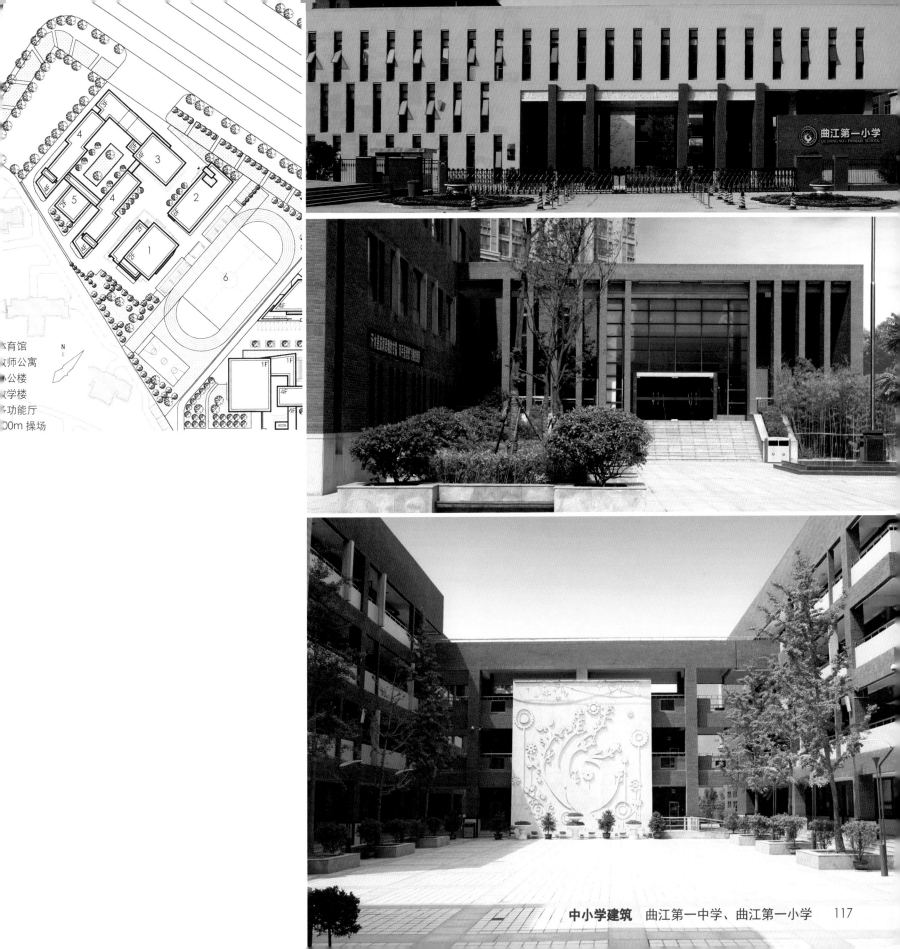

01. 方案草图 （作者：李大为）Programme Sketch

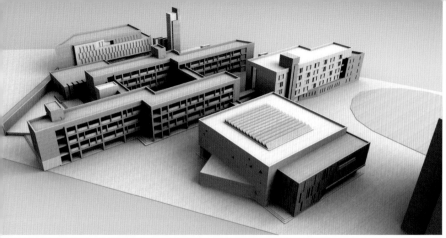

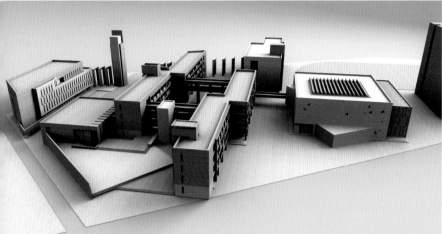

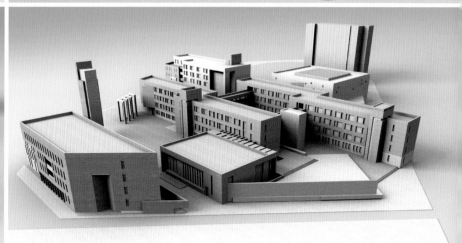

实体模型 （作者：李大为）Entity Model

西安经发学校
KINGFAR SCHOOL OF XI'AN

建设单位：西安经发地产有限公司
建筑规模：48 班，人均建筑面积 14.52m²
建筑面积：总建筑面积 34859m²
方案设计：屈培青 常小勇 陈昕
工程设计：屈培青 常小勇 单桂林
　　　　　季兆齐 郑苗 黄惠

01	02
03	04

01. 入口实景照片 （摄影：张彬）
Entrance Photo
02. 一层平面图
1st Floor Plan
03. 校园鸟瞰图
Aerial View
04. 钟塔及体育馆效果图
Clock Tower&Gymnasium Renderings

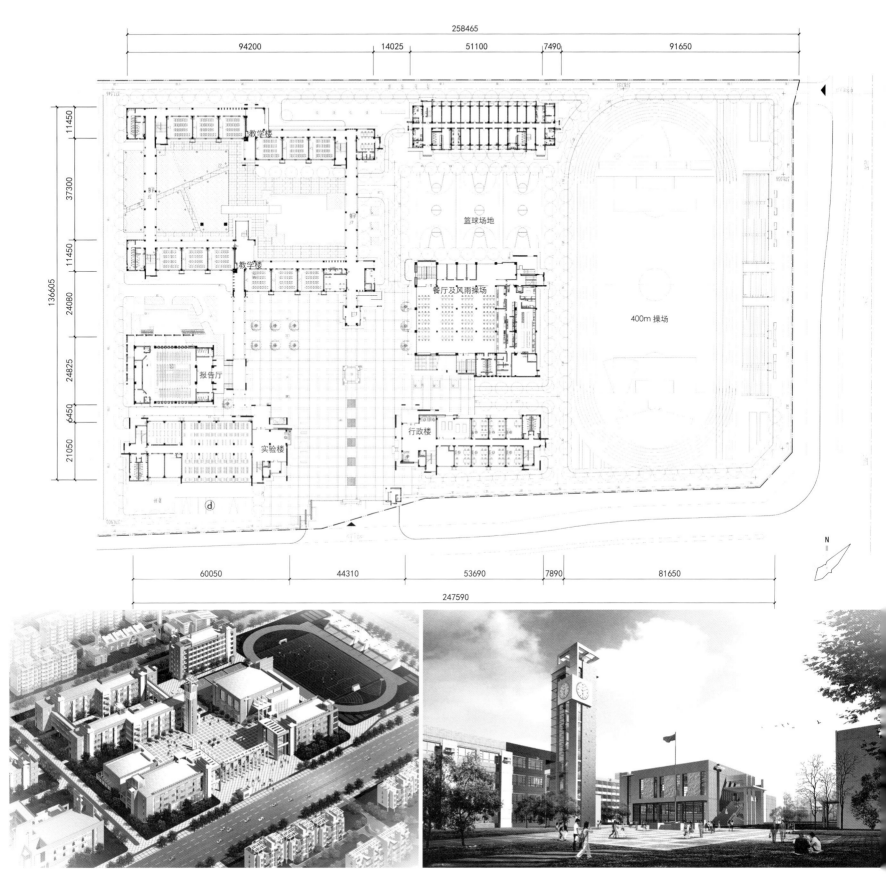

258465

94200　　　14025　　　51100　　　7490　　　91650

136605

11450

37300

11450

24080

24825

6450

21050

教学楼

教学楼

篮球场地

餐厅及风雨操场

400m 操场

报告厅

行政楼

实验楼

d

N

60050　　　44310　　　53690　　　7890　　　81650

247590

01 | 02 | 03

01. 综合楼效果图　（摄影：张彬）
Synthetic Building Rendering
02. 教学楼实景照片（摄影：张彬）
Academic Building Photo
03. 教学楼细部照片　（摄影：张彬）
Academic Building Inner Photo

项目简介:

　　该项目为新建项目，总用地 81.12 亩，总建筑面积 34859m²，总规模 48 个班，每班 50 名学生，共 2400 名学生。该学校用地两面临城市道路，其中西边为明光路，北边为凤城十路。交通十分便利。总体主要功能布 局分为教学区、体育运动区、生活区三部分，并通过几个大小不同校园广场，将三部分有机地连为一体。

　　校区主要入口设在北端，通过校区主要入口进入校前广场，以广场为学校主轴线，正对主轴线为学校标志性建筑钟塔，轴线东侧为教学区，有教学楼、图书实验楼及电子信息楼、多功能厅，轴线西侧布置体育馆、餐厅及学生教师公寓。将 400m 运动场布置在用地西侧，临城市主干道，减少城市噪声对学校的干扰。在建筑风格及形体上采用板块构成的手法，高低错落，插接自然、丰富的建筑天际线，简洁大方的建筑型体，建筑色彩以三色混豆沙色为主基调，配以白色墙面点缀，采用红砖和白墙的组合，亲切活泼，强调了师生的亲和力。

01

02

03

01. 经发学校教学楼实景照片（摄影：崔丹）
Kingfar Academic Building Photo
02. 蒙古国援建中学入口效果图
Mongolia's Middle School Entrance Rendering
03. 蒙古国援建中学校园鸟瞰图
Mongolia's Middle School Aerial View

蒙古国援建中学
MONGOLIA'S MIDDLE SCHOOL

建设单位：蒙古投资局
建筑规模：21 班，人均建筑面积 12.97m²
建筑面积：总建筑面积 9537.85m²
方案设计：屈培青 高伟 马麒胜

项目简介：

　　该项目为蒙古国援建项目，校园规划分为三大板块，即教学区、后勤区、运动区。三个功能片区划分明确，既相互联系，又相对独立。其中教学区包含 4 栋教学楼与 1 栋行政楼，采用正南正北，中轴对称式布局，前广场设置升旗台，给师生提供举办仪式活动的开敞空间。后勤区包含师生宿舍与食堂，与教学区紧密联系，能满足 735 个师生住宿与 735 个师生午餐、晚餐要求。学校的整体建筑风格以"蒙式"为蓝本，融入中式元素，体现了中蒙友好关系。其中，教学楼的造型较为新颖，采用的是内中庭式布局，普通教室围绕中庭布置。这种布局方式不仅使所有教室都具备南向采光，同时一层内庭院又能给学生们提供一个"遮风挡雨"的活动空间，使学生们不再畏惧蒙古漫长的冬季。经过精心推敲与砌筑，校园中所有建筑外立面均采用砖红色面砖材质，体现了教育建筑古朴大气，彰显校园文化的厚重。

泾阳中学

JINGYANG HIGH SCHOOL

建设单位：泾阳县泾阳中学筹建领导小组办公室
建筑规模：96班，人均建筑面积14.8m²
建筑面积：总建筑面积79161m²
方案设计：屈培青 王琦 闫文秀 张超文
工程设计：屈培青 张超文 闫文秀 崔丹 王琦
　　　　　司马宁 王世斌 姜令军 王玲 李士伟

01		
	03	
02		

01. 规划鸟瞰图
　　Aerial View
02. 教学楼效果图
　　Academic Building Rendering
03. 一层平面图
　　1st Floor Plan

项目简介：

　　泾阳中学基地位于先锋大街向南延伸线主干路以西、先锋村以南。现学校占地，南北长 485m，东西宽 220m，占地面积 116444m²，约合 160 亩。泾阳中学设 96 班，总建筑面积约 85121.3m²，学生总人数 5760 人 (96 个班，每班 60 人)，操场为 8 道标准 400m 跑道，内设标准足球场，人均建筑面积为 14.8m²／生，容积率 0.73。在泾阳中学的整体规划中，校园由教学中心区，体育运动区及生活服务区三大功能组成。

　　设计理念上以规划，建筑，景观三位一体的整体校园设计为目标，同时吸取了传统院落式的整体布局概念，将校园的各个元素按照中轴线有序地，富有节奏地排布起来。学校以入口的礼仪广场为核心，一直延续到整个校园的标志性建筑门型的图书办公综合楼，强烈的方向感和纵深感给人不断进取的精神象征。教学楼的庭院空间与中心的广场空间相互呼应，使人的视觉更加延展，步移景异。升旗台肃穆庄严，成为整个广场的中心，是学生交流和学习的场所。为了打破封闭式的教育，将教学楼按照各年级分成几个组团，在各组团的庭院内设计一组绿化小品、休息座椅，以及文化雕塑，形成良好的教学氛围。

　　在建筑风格上，采用简洁的几何形体。不同的角度上的穿插、虚实结合、空间渗透、点线面重构等构成方法，创造出具有雕塑之美的空间形体。色彩上采用了米黄色的砖和烟灰色的砖与陶板形成对比，彰显学校理性与感性相结合的特色，更富有文化气息和现代感。

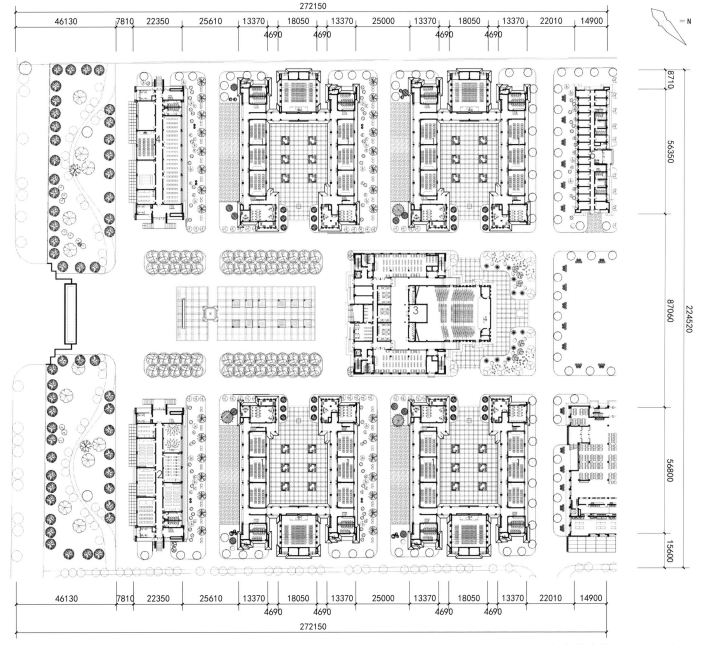

1 教学楼
2 实验楼
3 图书及报告厅
4 行政办公楼
5 学生及教师宿舍

西安高新第一小学（新建项目）
THE EXTENSION PROJECT OF PRIMARY OF XI'AN GAOXIN NO.1

建设单位：西安高新控股有限公司
　　　　　西安高新区基础设施配套建设开发有限责任公司
建筑规模：60 班，人均建筑面积 16.8m²
建筑面积：总建筑面积 50551m²
方案设计：屈培青 高伟 苗雨
工程设计：屈培青 张超文 崔丹 魏婷（小）王婧
　　　　　白雪 张源 张又一 王璐 陈晓辉 李寅华
获奖情况：陕西省第十八次优秀工程设计二等奖

		03	01. 细部实景图 （摄影：屈培青） Inner Photo
01	02		02. 规划总平面图 General Plan
			03. 规划鸟瞰效果图 Aerial View

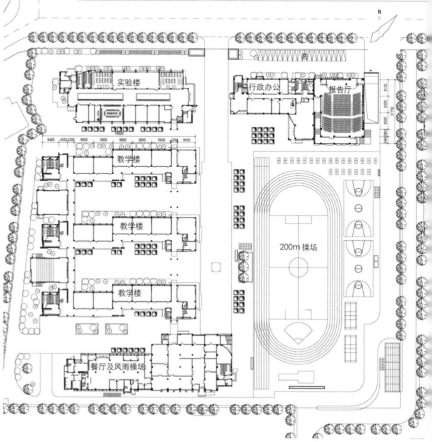

项目简介：

　　高新一小新建校园位于高新区高新路与唐延路之间，北临科技三路。总用地面积约52.2亩。新校区设计为60个普通班，容纳学生2700人的校园，包含行政办公、宿舍、风雨操场、食堂等功能在内，地上29894m²、地下20657m²。该项目容积率0.86，人均用地面积12.9m²，人均建筑面积16.8m²。

　　高新第一小学新建校园紧密结合现代学校的教育理念，将传统的校园分成综合办公区、教学中心区、体育运动区及生活服务区四大部分。因为用地形状及朝向的不规则，本着让操场及教室获得最有利日照的原则下，方案首先通过以入口广场及升旗台为核心的开放性、礼仪式空间，将学校分成了两个部分，西北部分包含了教育及生活区，东南部分则是综合办公及运动区。教学区中以规划、建筑、

景观作为整个校园规划的设计目标，同时吸收了传统院落式整体布局概念，在建筑风格上，整个小学用简洁的几何形体组合，在多视角上采用形体穿插，虚实结合，空间渗透，点、线、面重构等构成手法，形成不同材质、不同体块的相互嵌入、相互融合，同时突出了高地错落之感，创造出具有雕塑之美的建筑形体。充分彰显出现代校园建筑的大气的同时，又富有含蓄且不失开放的特色。

　　在建筑色彩上，学校建筑以鲜亮的橙红色为主色调，窗槛墙、护栏则以淡黄色为主色调，彰显了学校理性与感性相结合的特色，鲜明的色调形成强烈的视觉冲击力。尤其是入口空间的色彩设计，既明确了建筑的身份，又成为城市环境中的一个醒目标识，也体现了小学校园的活泼和欢快的特性。

01. 入口沿街效果图
Entrance Along Street Rendering

02. 教学楼实景照片　（摄影：常小勇）
Academic Building Photo

03. 风雨操场实景照片（摄影：常小勇）
Gymnasium Photo

04、05. 手绘图片　　（作者：高　伟）
Sketch

06. 教学楼内部实景　（摄影：常小勇）
Academic Building Inner Photo

01. 教学楼实景照片 （摄影: 常小勇）
Academic Building Photo
02~04. 细部实景照片 （摄影: 常小勇）
Inner Photo

西安高新第一中学初中校区（新建项目）

THE EXTENSION PROJECT OF JUNIOR
MIDDLE SCHOOL OF XI'AN GAOXIN NO.1

建设单位：西安高新控股有限公司
建筑规模：90 班，人均建筑面积 21.28m²
建筑面积：总建筑面积 95738.4m²
方案设计：屈培青 常小勇 孙笙真 高伟 魏婷（小）白雪
工程设计：屈培青 常小勇 崔丹 魏婷（小）白雪 丁凯 王璐 陈晓辉 任万娣

01. 规划鸟瞰效果图
    Aerial View
02. 规划总平面图
    General Plan
03. 教学楼细部实景照片（摄影 常小勇）
    Academic Building Inner Photo

项目简介：

　　西安高新区第一初中改扩建项目的基地位于西安市南部环境优美的高新区，东邻高新路。总用地 81 亩（约为 54100m²）。方案设计的总建筑面积约 95738.4m²，本次报建 74790m²，学生总人数 4500 人，共设置 90 个普通班。操场为 6 道标准 200m 跑道，容积率 1.21，人均用地面积 12.0m²，人均建筑面积大约 21.28m²。建筑布局紧凑，交通流线合理，既形成了良好的动静分区，又丰富了空间变化和层次。

　　在建筑风格上，以现代简洁的体块形式，充分彰显当代校园建筑的大气。而丰富的建筑天际线，更显出校园建筑自由性的一面。外立面采用砖红色挂陶板和米黄色石材的有机结合，既体现出校园文化的厚重，同时不失为一种对现代建筑的重新定义。

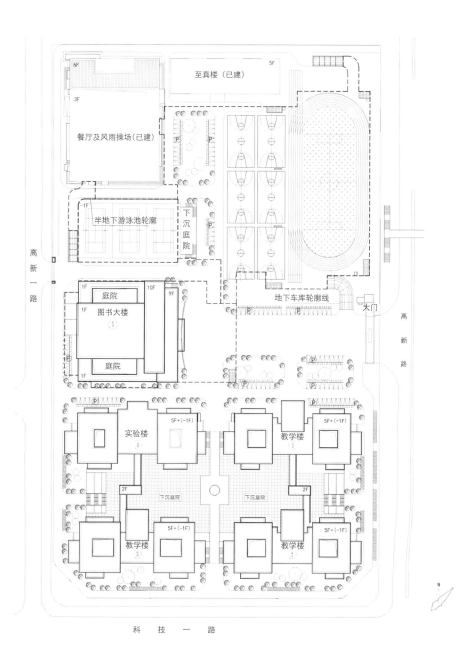

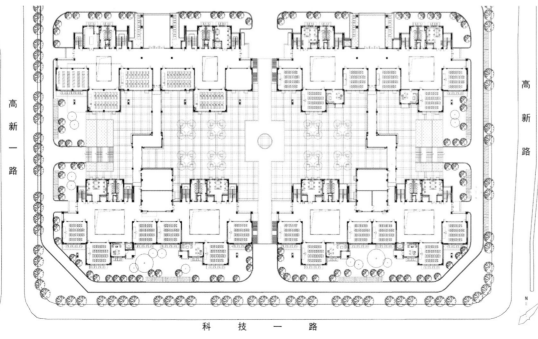

01. 餐厅及风雨操场实景照片 （摄影：常小勇）
Canteens&Gymnasium Photo
02. 一层平面图
1st Floor Plan
03. 教学楼实景照片 　　（摄影：常小勇）
Academic Building Photo

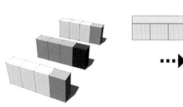

从传统建筑布局中
抽取基本教学单元

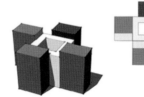

结合庭院空间，原有
功能打散后重新组合

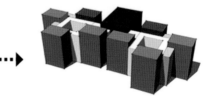

母题抽取，围合成
庭院式教学空间

若干组庭院式教学空
间形成校园建筑肌理

01	
02	04
03	

01. 教学楼沿街透视图
Academic Building Along the Street Rendering
02. 建筑体块分析图
Analysis of Building Block
03. 教学楼剖面图
Academic Building Section
04. 教学楼局部实景照片　　（摄影：常小勇）
Academic Building Part Photo

01	03
02	04

01、02. 图书大楼实景照片 （摄影：常小勇）
Library Photo
03、04. 教学楼实景照片 （摄影：常小勇）
Academic Building Photo

曲江南湖实验小学

QUJIANG SOUTH LAKE DISTRICT EXPERIMENT PRIMARY SCHOOL

建设单位：西安曲江建设集团有限公司
建筑规模：36 班，人均建筑面积 12.1m²
建筑面积：总建筑面积 19694.5m²
方案设计：屈培青 王一乐 阎飞 苗雨

01. 规划总平面图
    General Plan
02. 首层平面图
    1st Floor Plan
03~05. 办公楼效果图
    Office Building Rendering

项目简介：

　　曲江南湖实验小学选址位于曲江遗址二路与曲江池西路之间，是西安市曲江新区的核心区域。项目用地面积约 33 亩，位于已建成的南北两个住宅区之间，地势狭长，且现状地坪比南北两侧的地坪低 6m 左右，低洼的地势，以及前后若干住宅楼的遮挡，导致项目用地内的日照条件十分不利，极大地影响了方案设计的思路和出发点。

　　新建学校整体规模为 36 个班级，总建筑面积 19694m²。根据基地现场的限制，将普通教室布置在日照条件较好的北侧和东侧，西侧和南侧则更多地留给办公及实验用房。整个用地规划为东西两部分，西部日照整体较差，且又狭长，因此设计为东西向的运动场（经特批）。方案将西部地坪抬起 6.2m，上部用作塑胶操场，下部则用作食堂及地下车库。学校造型受制于地形却又受用于地形。狭长的地形为学校立面设计提供了优秀的延展，是最易于形成立面韵律的先天条件。对于颜色摒弃了传统的五颜六色，利用混凝土及深红色铝单板的质感对比，呈现出强烈的视觉冲击力。混凝土虽然质感厚重，但是通过造型的设计，使其显得轻盈活泼。

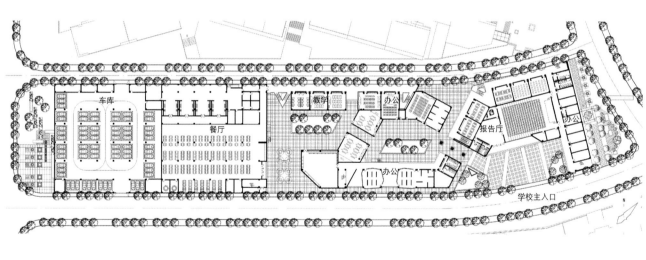

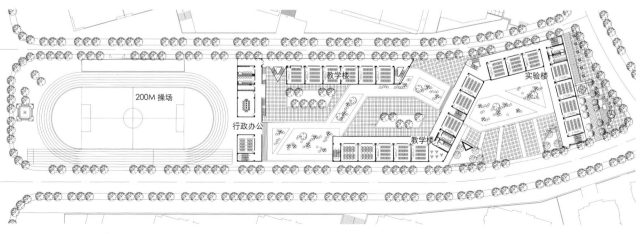

兴隆社区（村民安置区中小学）

XINGLONG COMMUNITY（THE PRIMARY & MIDDLE SCHOOL OF VILLAGER PLACEMENT）

建设单位：西安高新技术产业开发区长安通讯产业园管理办公室
　　　　　西安紫薇地产开发有限公司
建筑规模：中学 18 班，小学 30 班，中学人均建筑
　　　　　面积 20.1m²，小学人均建筑面积 12.4m²
建筑面积：中学 18100m²，小学 16800m²
方案设计：屈培青 阎飞 高伟
工程设计：屈培青 张超文 杜昆 王婧 魏婷（小）
　　　　　孙笙真 王世斌 刘婧 王彬 马超 季兆齐

01. 校园实景照片　（摄影：常小勇）
　　Campus Photo
02. 小学规划总平面图
　　Primary School General Plan
03. 中学规划总平面
　　Middle School General Plan
04、05. 教学楼实景照片（摄影：常小勇）
　　Academic Building Photo
06. 中学规划鸟瞰图
　　Middle School Aerial View

01	03	04	05
02	06		

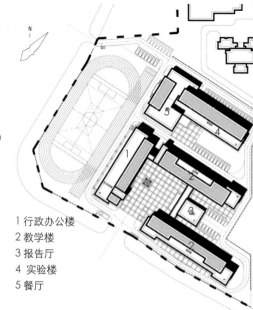

1 行政办公楼
2 教学楼
3 报告厅
4 实验楼
5 餐厅

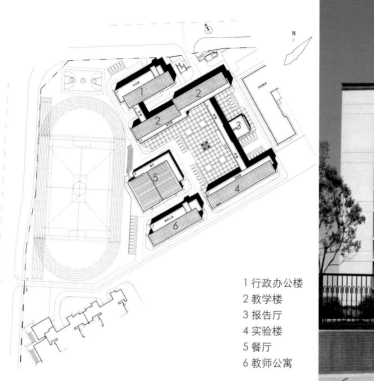

1 行政办公楼
2 教学楼
3 报告厅
4 实验楼
5 餐厅
6 教师公寓

西安交大韩城基础教育园区基地项目

XI'AN JIAO TONG UNIVERSITY HANCHENG BASIC
EDUCATION PARK PROJECT

项目名称：韩城市教育投资管理有限公司
建筑规模：地上 1~18 层，地下 2 层
建筑面积：总建筑面积 42.6 万 m²
方案设计：屈培青 常小勇 王琦 阎飞 徐健生 高伟
　　　　　孙笙真 杜昆 朱原野 高羽 刘林 何月琪
　　　　　张雪蕾 高晨子 张文静
工程设计：屈培青 常小勇 贾立荣 王琦 魏婷 司马宁
　　　　　崔丹 王婧 白雪 魏婷（小）孙笙真 许玉姣
　　　　　张彬 谢岩鹏

项目介绍：

　　项目在贯彻基础教育园区的概念，形成对韩城市及韩城市周边市、县、乡镇的辐射配套的前提下，一方面满足包含高中（78班）、初中（42班）、小学（42班）、幼儿园（24班）的使用需求，另一方面配备一套完整多元的基础教育产业链。项目园区采用开放式布局思路，将各个教育单元中的配套资源（含体育设施、后勤配套）及相关产业业态整合利用，分区布置。

　　规划方案从教育文化业态和教育文化空间两个方面入手，教育文化业态——首先形成了一个完整教育文化产业体系，其中包含五个区域：教育产业区、产业配套区、体育产业区、住宿配套区、旅游产业区。其中本次项目总体布局特点可总结为"一环四路分五区"。首先桢州大街城市道路下穿保证了项目可建设用地的完整性，可建设用地南北至花园路及文星路分别形成200m和100m的城市绿化区；其次根据教育文化产业体系五大区域——教育产业区、产业配套区、体育产业区、住宿配套区、旅游产业区业态划分，用地规划布局形成了"一环四路分五区"布局特点：其中一环即在用地中心区域形成半径约150m的自由环形中心区域，四路是分别通过平行于花园路及文星路的走向分别从可建设用地四边中心点向内延伸中心环路并与之相连，形成一环四路园区主路布置。

　　教育文化产业体系五大区域——教育产业区、产业配套区、体育产业区、住宿配套区、旅游产业区根据功能特

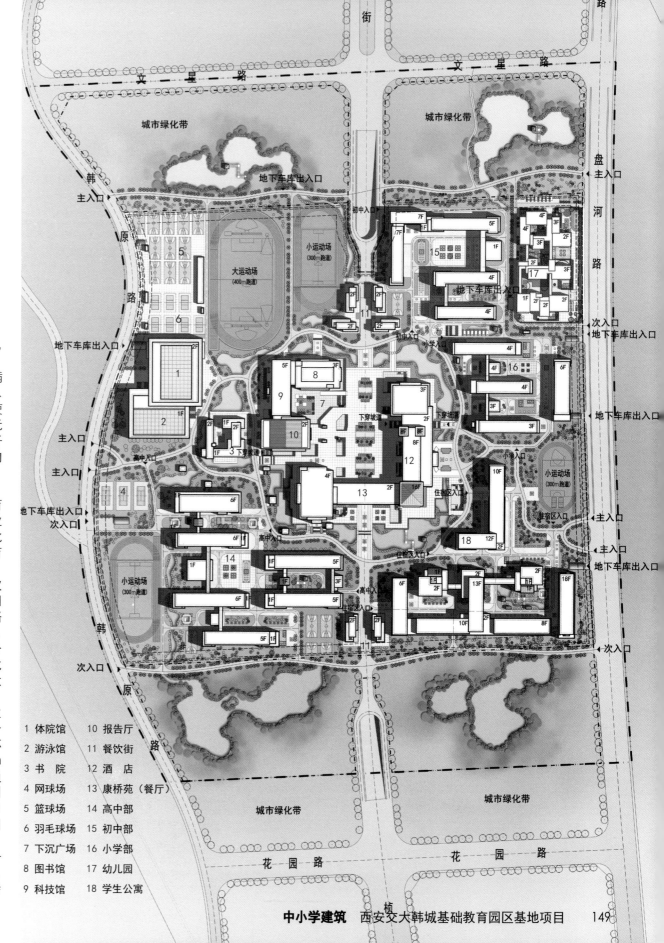

1 体院馆	10 报告厅
2 游泳馆	11 餐饮街
3 书 院	12 酒 店
4 网球场	13 康桥苑（餐厅）
5 篮球场	14 高中部
6 羽毛球场	15 初中部
7 下沉广场	16 小学部
8 图书馆	17 幼儿园
9 科技馆	18 学生公寓

点及相关需求分别布置于用地当中。其中，教学产业区根据空间体量分为两个板块，高中行政教学区布置于用地西南角区域，初中、小学行政教学区及幼儿园布置于用地东北角区域；体育产业区布置于用地西北角区域，住宿配套区布置于用地东南角区域，产业配套区设置于中心环路之内，并且结合中心环路形成环形水系。这样布局的特点在于一方面形成各个教学区分别与产业配套区、体育产业区、住宿配套区的连接最便捷化；另一方面产业配套区和体育产业区能够相对独立的运营于整个园区当中。旅游产业区的书院和餐饮商业街分别布置在西侧和北侧主路中。

　　韩城城市发展总体定位中关于生态美城的概念——以黄土台原和山水园林为特色的生态宜居城市，本案以此为设计出发点通过地势的起伏和水系的引入，在一环四路设置园区主要景观带，形成南北文化轴线和环形景观轴线的概念。其中南北轴线形成以韩城当地文化为主的景观节点（以小品、雕塑为主），表现韩城教育历史文化特征；环形轴线以组团景观为单位，以道路交叉口和片区出入口为节点形成步移景异的景观空间。

　　而在每个片区内部，形成"一道文化，两种色彩"的景观概念。其"一道文化"是指整个园区景观配套（含标示、雕塑、座椅等）形成统一的表达方式和连贯的文化内容。两种色彩分别是指形成"四季变化"和"四季常青"这两种色彩感受——"四季变化"主要应用于教育产业区、配套住宿区和书院中，以落叶绿植为主要景观绿植，为师生带来不同的四季感受；"四季常青"则主要设置在产业配套区、体育产业区和商业步行街中；这样两种色调的均匀搭配，也会使得整个园区在一年四季中分别形成不同的景观效果。

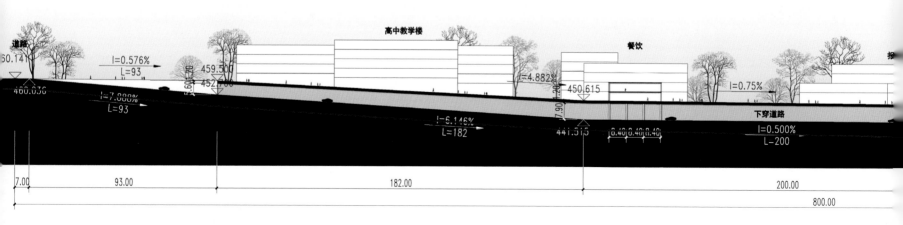

庭文物華吾門
史獨稱司馬尊
十卷書終略備
千年市是非在
後設若無先見
先何由有後言
廟風霜香火冷
云裹莘學滿平原

01 | 02
03

01、02. 书院效果图
　　　　Academy Rendering
03. 剖面图
　　Section

7号地

27. 停车场

1. 管理中心　2. 员工休息亭
3. 游客服务中心

5. 曲江亭　22. 听泉榭
4. 疏林人家　　23. 观鱼江水榭　19. 临观楼
21. 　24. 长廊
20. 凉殿　25. 码头亭

18. 片云桥

15. 钓鱼台　17. 江上居
13. 蒼鷹　14. 相思亭
16. 逸仙桥

12. 蒲香榭

7. 码头亭

8. 柳桥

寒窑
（大唐爱情谷）

坝桥

10. 西堤　11. 古堤
6. 桥头阁　阅江楼

曲江南湖遗址公园周边规划

THE PLANNING OF QUJIANG SOUTH
LAKE DISTRICT RELIC PARK

建设单位：西安曲江新区土地储备中心
　　　　　西安曲江文化产业投资（集团）有限公司
用地面积：规划总用地面积 3500 亩
建筑面积：总建筑面积 257.3 万 m²
方案设计：屈培青 常小勇 窦勇 贾立荣 崔丹 李强
　　　　　宋思蜀 魏婷 阎飞 徐健生 李照 张良

	02	
01	03	04
	05	06

01. 规划设计总平面图
    General Plane

02. 规划设计局部鸟瞰图
    Partial Aerial View

03~06. 规划模型总体鸟瞰图
    Model Aerial View

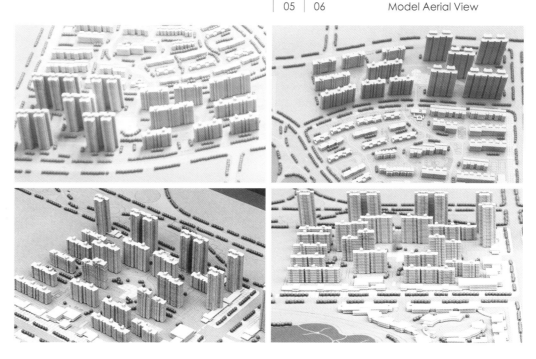

01	04
02	
03	

01. 规划设计局部鸟瞰图
Partial Aerial View
02. 商业鸟瞰图
Commercial Area
Aerial View
03. 商业效果图
Commercial Area
Rendering
04. 规划设计总体鸟瞰图
Overall Aerial View

项目简介：

　　项目位于西安曲江新区，围绕曲江池，总用地面积约 3500 亩，区域内共涉及六大遗址公园，基地紧紧围绕曲江池及唐寒窑遗址公园，北面紧邻秦二世墓及唐城墙遗址，南面又与芙蓉园、大雁塔遥相呼应，其历史及文化资源十分厚重，人文环境较好，交通便利，是目前西安最佳人居环境生活区域之一。

　　鉴于其地理位置及其较大的历史文化资源优势，本次设计为集策划、规划、建筑、景观为一体的全程化设计，充分注重该区域风貌与城市特色的协调问题，从文化脉络入手，着重在其空间与肌理上进行研究的同时，形式与功能统筹考虑，使得该区域的规划设计既能够充分结合城市设计理念，又能很好地与城市节点相呼应。

　　贯穿本案设计始终的理念是，一个城市的历史发展过程中，不可能将每一个建筑都做成标志性建筑，如果都想把自己的作品作为标志性建筑，大家你争我夺，那么最终也就没有什么标志了，所以我们应该根据建筑的自身特性设计不同层面的定位，既能够与大环境大背景相和谐，又能够体现自身的价值。

　　城市居住区不仅是人们的聚居场所，而且是一个错综复杂的政治、经济、社会和文化的统一体，这也标志一个国家或一个地区、一个民族的特征和政治的凝聚力。所以，居住区的定位与风貌设计是沟通建筑设计与城市规划的重要环节，组成居住区的元素众多，其中包括单体设计也包括群体设计。景观规划与环境行为更是必须考虑，因此，居住区设计宏观上承载着城市整体的构成，微观上影响着人们的生活质量，更重要的是居住区是城市形象的重要组成元素，居住区设计对于城市风貌的保护与营造意义重大，尤其是在房地产市场繁荣紧俏时期，各地区居住项目众多，研究城市风貌背景下的居住区设计方法对于解决城市风貌失落问题具有重要意义。

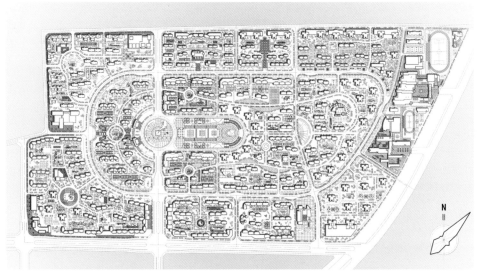

紫薇田园都市住宅区规划方案设计

THE PLANNING OF ZIWEI
TIANYUANDUSHI COMMUNITY

建设单位：西安高科（集团）长安园实业发展有限公司
建设规模：地上 4~30 层，地下 1 层，占地 2145 亩居住区
建筑面积：总建筑面积 187 万 m²
方案设计：屈培青　窦勇　姜宁　张超文　常小勇　贾立荣
工程设计：屈培青　窦勇　姜宁　张超文　常小勇　贾立荣
　　　　　陈昕　吕旭东　高莉　季兆齐
获奖情况：会所获中国建筑西北设计研究院优秀方案一等奖
发表论文：《建筑学报》2002 年 8 期《西安紫薇田园都市》

01   03

02   04   05   06

01. 社区文化广场夜景
鸟瞰图
Community Cultural
Square Nightscape
Aerial View

02. 规划总平面图
General Plan

03. 会所外景
（摄影：屈培青）
Clubhouse Outdoor
Photo

04~06. 会所内景
（摄影：屈培青）
Clubhouse Indoor
Photo

项目简介：

　　紫薇田园都市是为西安南郊科技产业区规划配套的文化、生活设施。针对产业区，面向西安市。社区将由 10 个小区组成，并配有学校、幼儿园、医院、商业、广场等社区配套设施，总规模为 143hm²，居住区总户数约 11500 户，地上总建筑面积约 155 万 m²，目前为西安最大的居住社区。

　　在社区规划中，贯穿着人文环境、城市空间、小区空间、组团空间、景观设计这一序列轴线，从大到小、从外向内延伸，使空间、景观、阳光、绿地为民居创造了自然、温馨的家园。在群体设计中，注重平面错落布局，丰富建筑空间，单体高低错落，强调建筑天际线。

　　社区中央的文化广场，占地 80 亩，在广场内设计了大型音乐喷泉、绿地广场、休闲广场等室外空间序列。10 个不同规模和标准的住宅区围绕在文化广场的四周，并将广场空间延伸到每个小区内。在每个小区内空间设计自然连通，渗透到组团内。而组团空间着重创造亲切怡人的景观。

　　10 个住宅区分标准住宅区、中高档住宅区、商务住宅区及别墅区等，建筑风格各不相同。

　　社区配套设施齐全，并进行了精心设计。

西安文景小区
XI'AN WENJING CMMUNITY

建设单位：西安曲江大明宫置业有限公司
建筑规模：地上 9~30 层，地下 1 层，
　　　　　占地 485 亩居住区
建筑面积：总建筑面积 126 万 ㎡
方案设计：屈培青　张超文　常小勇　贾立荣　阎飞
　　　　　徐健生　王琦　李照　闫文秀　罗尚丰
工程设计：屈培青　张超文　常小勇　贾立荣　魏婷
　　　　　阎飞　王世斌　高莉　郑苗　毕卫华　黄惠
　　　　　季兆齐　闫明

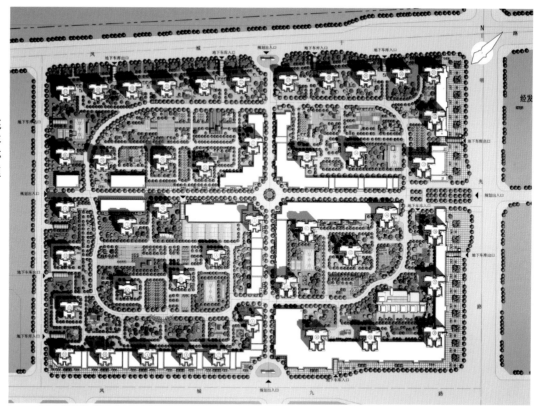

01　02

01. 沿街实景（摄影：屈培青）
　　Street Photo
02. 方案总平面图
　　General Plan

项目简介：
　　文景小区位于西安市经济开发区，整体规划分为东、西两个区，东区紧邻市委、市人大、市政协北侧，总用地面积约 168 亩，总建筑面积约 34.85 万 m²，地上建筑面积约 29.47 万 m²，地下建筑面积约 5.38 万 m²。其中住宅户型区间为 160~240m²，商业规划面积约为 3 万 m²，整体设计为开放式大型环绕商业街区，区域内规划居住人口约 8~10 万人。西区正坐明光路、凤城九路主干道之间，总用地面积约 371 亩，总建筑面积约 87.78 万 m²，地上建筑面积约 76.85 万 m²，地下建筑面积约 10.93 万 m²。其中住宅户型区间为 100~160m²，商业规划面积约为 10 万 m²，整体设计为沿街及中心街区独立商铺，住宅社区分为琴、棋、书、画四个主题组团。
　　住宅单体平面设计考虑实用性、超前性，满足居民对家庭居住多样化的选择。平面布局灵活，明厨明厕。户型平面布局既适用又经济，从建筑技术方面优化设计，满足建筑节能和建筑日照要求，合理的功能布局和结构布局，尽量减少"无效"面积。优雅的居住环境，宽敞明亮的厅堂，私密安静的居室，带卫生间、衣帽间的主人房，以及餐厅可随住户意愿做成开放式厨房。立面造型采用简约中式构图，使建筑挺拔大气。本小区通过空间轮廓、住宅的群体组合、单体建筑的造型、小区的整体色彩、绿化的配置、地面的铺砌材料与方式和环境小品等。来创造出一个环境优美、生活舒适的现代化小区。

01. 住宅单体效果图
Residential Building
Rendering
02. 入口大门效果图
Entrance Rendering
03. 入口商业效果图
Commercial Building
Rendering

居住区规划及住宅 三星兴隆社区

三星兴隆社区
SAMSUNG XINGLONG COMMUNITY

建设单位：西安高新技术产业开发区长安通讯
　　　　　产业园管理办公室
　　　　　西安紫薇地产开发有限公司
建筑规模：地上 28 层，地下 1 层，
　　　　　占地 710 亩居住区
建筑面积：总建筑面积 150 万 m²
方案设计：屈培青　常小勇　王琦　阎飞　高伟　徐健生
　　　　　杜昆　马麒胜　钱文韬　刘婧　徐玉娇　薛婧
工程设计：屈培青　张超文　常小勇　贾立荣　魏婷
　　　　　司马宁　杜昆　李大为　王琦　魏婷（小）
　　　　　王婧　薛婧　刘婧　许玉姣　王世斌　高莉
　　　　　毕卫华　季兆齐

01 | 02

01. 社区实景
　　Community Photo
02. 方案总平面图
　　General Plan

N

项目简介：

　　2012 年初韩国三星电子存储芯片项目正式落户西安高新区。其中项目区域内 7 个拆迁村落的安置项目对兴隆地区广大群众居住环境、扩大当地劳动力就业、增加广大乡亲们的经济收入具有非常重要而现实的作用。安置户型按照政府标准分为 70m²、105m²、140m² 三种，其中每个户型均做到明厨、明卫、房间开间进深合理及室内空间无浪费，两梯五户的配置也做到了当时西安安置项目的最优。

　　兴隆社区项目位于西安市高新区西沣路西侧，三星项目基地北端。该项目规划总用地面积约为 472955.8m²。总建筑面积约为 1584847.9m²，其中地上建筑面积约为 1227985.3m²，地下建筑面积约为 356862.6m²。小区容积率约为 2.596。地上建筑面积中包括，住宅建筑面积约为 1047293.6m²、商业建筑面积 126654.9m²、幼儿园建筑面积 11000m² 及小区配套建筑 13970m²。地下建筑面积中包括地下停车库 295950m² 及其他用房 39037.7m²。地下停车位 9865 个。

　　本规划设计旨在面向未来、面向大众、创造一个布局合理、配套齐全、环境优美的新型居住小区，将社会效益、经济效益、环境效益充分结合起来。1. 充分利用基地开阔的用地环境，强调创造良好的组团居住环境，将自然环境充分地溶入建筑群中；同时，注重对生态环境的保护，以创造园林式的生态型小区。2. 通过设计科学的住宅类型，合理的规划布局，现代气息的建筑造型，创造现代化风格的居住小区。3. 设计流畅而经济实用的道路系统，体现"人车分流"的基本

原则。4. 结合基地的自然环境，进行总体的景观规划和设计，为总体规划锦上添花。

　　本次规划设计三个地块均在主要城市干道上设有出入口。在每个地块当中均在出入口旁设置有沿街商业，以增加小区的便利性。在每个地块中分别设置有村委会、幼儿园及社区文化活动中心。其中幼儿园根据地块用地大小分别布置为 9 班（2 个）及 12 班（1 个）两种形式。而村委会和社区文化活动中心分别放置于每个地块的交通便利区域。其中社区文化活动中心充分考虑村民未来的生活需求，在满足一般城市小区会所功能的前提下，增加了红白事场所及戏台，增加安居设计的人性化。所有大型公建项目均设计在三个地块的中心区域，以方便三个小区的同时使用：在地块一中，沿用地东侧设置有大型集中商业区域；在地块二中，在用地西北角布置有 18 班初中一所及社区医院一个；在地块三中，在用地西南角布置有 30 班小学一所。

　　道路系统采用人车分流。地下车库满铺整个小区，并且在每个沿街面上都设置地下车库出入口，实现了"人车分流"。步行主干道的布置自然地形成了小区的分区，同时满足紧急车辆通行。尽端式道路尽头设回车场。小区的步行道设计自成系统，相连为一体，并通过步行系统将区内的若干个景观节点和中心绿地串联起来，形成中心景观区及景观带。

01	04
02	
03	05

01、02. 沿街实景　　　（摄影：张　彬）
Street Photo
03. 集中商业实景　　　（摄影：张　彬）
Commercial Building Street Photo
04. 沿街实景　　　　　（摄影：白少甫）
Street Photo
05. 幼儿园效果图
Kindergarten Rendering

曲江龙邸·锦园

QUJIANG LONGDI JIN GRADEN COMMUNITY

建设单位：陕西申华永立置业有限公司
西安万吉置业有限公司
建筑规模：地上 7~33 层，地下 1 层，
占地 159 亩居住区
建筑面积：总建筑面积 42 万 m²
方案设计：屈培青 王琦 高伟 苗雨 高羽
工程设计：屈培青 张超文 崔丹 徐靓 赵明瑞 魏婷（小）
唐亮 闫文秀 潘映兵 汤建中 马超 任万娣

项目简介：
曲江龙邸居住小区位于西安市曲江新区，东面距雁翔路约 65m，其中相连用地为商业用地，南面距南三坏间约 30m，其中相连用地为城市规划绿地，北面相连用地为安置小区，西面与岳家寨二路相连。

该项目为新建居住区项目，规划总用地面积约为 105936.3m²。总建筑面积约为 421001.2m²，其中地上建筑面积约为 344049.7m²，地下建筑面积约为 76951.5m²。小区容积率约为 3.247。地上建筑面积中包括住宅建筑面积约为 326447.3m²、商业建筑面积14002.4m²、幼儿园建筑面积2340m²及小区配套建筑1260m²。地下建筑面积中包括地下停车库61356m²及其他用房15595.5m²。地上停车位276个，地下停车位2477个。

本项目的总体规划设计理念以水景与绿化为中心，住宅分片布置在周边。因地制宜，与地形、自然环境相结合，丰富了小区内的绿地系统。绿地以"点、线、面"相组合的原则，使绿化空间更有层次感。中心绿化区域和水景区为人们提供了休闲、娱乐、聚会、活动、健身等场所，作为小区的中心，它不仅是供人们居住的居住区，还是人们的交流区、生态区，"人-居住-休闲-健康"的体系更充分地体现了规划设计"以人为本"的原则。

住宅单体平面设计考虑实用性、超前性，满足居民对家庭居住多样化的选择。平面布局灵活，明厨明厕。从建筑技术方面优化设计，满足建筑节能和建筑日照要求，合理的功能布局和结构布局。立面造型采用简约典雅的构图，使建筑挺拔大气。

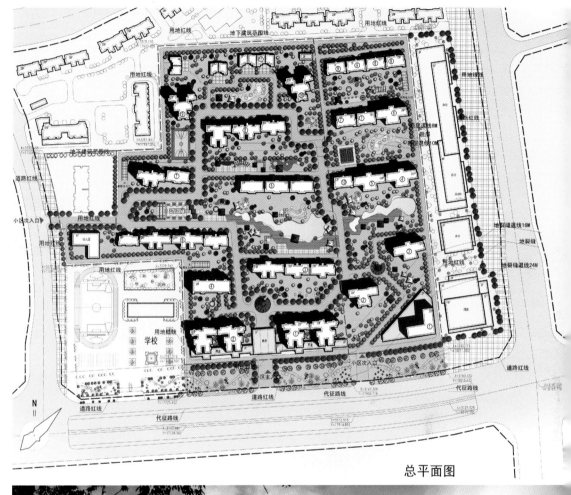

总平面图

曲江·紫金城住宅小区规划方案设计

QUJIANG ZIJINCHENG COMMUNITY

建设单位：陕西丰浩置业有限公司

用地面积：规划总用地面积 68 亩

建筑面积：总建筑面积 103169m²

方案设计：屈培青 高伟 张超文 赵明瑞 王一乐 苗雨

工程设计：屈培青 张超文 赵明瑞 王婧 张源 王世斌
　　　　　王彬 黄惠 牛麦成

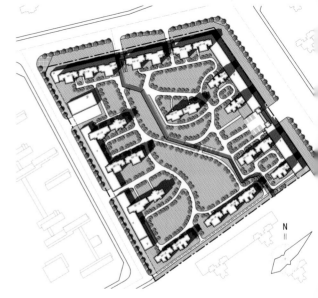

项目简介：

　　曲江紫金城项目位于西安市长鸣路以西，黄渠头路以南。规划总用地面积 68 亩，总建筑面积 103169m²，建筑密度 24%，容积率 3.2。本项目原始场地与市政道路高差较大，项目依自然地势，在高台上打造出"两台"（两个观景台），"三级"（三级台地景观），"八院"（八个景观组团院落）的纯围合居住社区。总体布局创造了一个生态绿地系统与人工建设系统有机融合、协调发展的区域环境。一级台地与长鸣路之间高差达到 9m。并借此形成了独特的入口景观。

　　本次规划建筑设计风格充分考虑了曲江一期及邻近区域的空间风貌协调。建筑风格结合了传统和现代语汇。整体造型简约典雅，配以米黄色、深褐色真石漆，既具有欧式建筑的古朴庄重，同时兼具现代建筑的简洁大气。

01. 总体规划鸟瞰图
Overall Aerial View

02. 方案总平面图
General Plan

03. 住宅单体效果图
Individual Residential
Building Rendering

04. 住宅单体效果图
Individual Residential
Building Rendering

05. 小区人员入口实景图（摄影：张彬）
Pedestrian Entrance Photo

城市风景·都市印象

URBAN SCENERY, URBAN
IMPRESSION BUILDING

建设单位：西安高科集团高科房地产有限责任公
建筑规模：地上 6~26 层，地下 1 层
建筑面积：总建筑面积 16.4 万 m²
方案设计：屈培青 常小勇 魏婷 阎飞
工程设计：常小勇 张超文 贾立荣 胡滨
　　　　　王世斌 高莉 毕卫华 季兆齐

01		02	03
		04	

01.方案总平面图
　 General Plan
02.会所手绘构思图
　 Clubhouse Sketch
03.会所入口效果图
　 Clubhouse Entrance Rendering
04.总体规划鸟瞰图
　 Overall Aerial View

项目简介：

　　城市风景住区规划和居住区建筑设计，更加注重回归自然、简朴无华。总体规划合理，在满足日照功能的条件下，将小区组团空间有机的结合，建筑平面错落有序，围合空间相互渗透，形成步移景异的空间。单体平面功能清晰，做到房间功能区分明确，卧室开间合理，主要卧室朝南布局，明厅、明卫、明厨，卧室的飘窗与客厅的落地观景台有机地连为一体。而大进深的封闭阳台作为阳光室更加强调了户外空间的效果，同时更加适应北方地区的气候条件。建筑立面风格在满足功能的条件下更加趋于简约和理性，使建筑更加挺拔大气，在屋顶造型设计上增加了一些构架来丰富建筑的形体及墙体建筑的天际线。建筑外墙材料考虑耐候性和耐久性为原则，以外墙砖为主，点缀一些花岗岩及剁斧石使建筑长期保持较新的材质感。建筑色彩以浅砖红色暖色系为主，局部配以白色调点缀，热情、明快，使建筑色彩与建筑风格相吻合。

　　室外景观与环境以种植绿树为主，分布一些休息座椅及运动、娱乐器械，创造一个供人休闲、健身、观赏的室外空间。做到总体建筑空间相互渗透，单体平面功能合理，建筑风格简约、建筑材料耐久、合理，加上施工精细，使该小区真正成为一个高尚楼盘和精品小区。

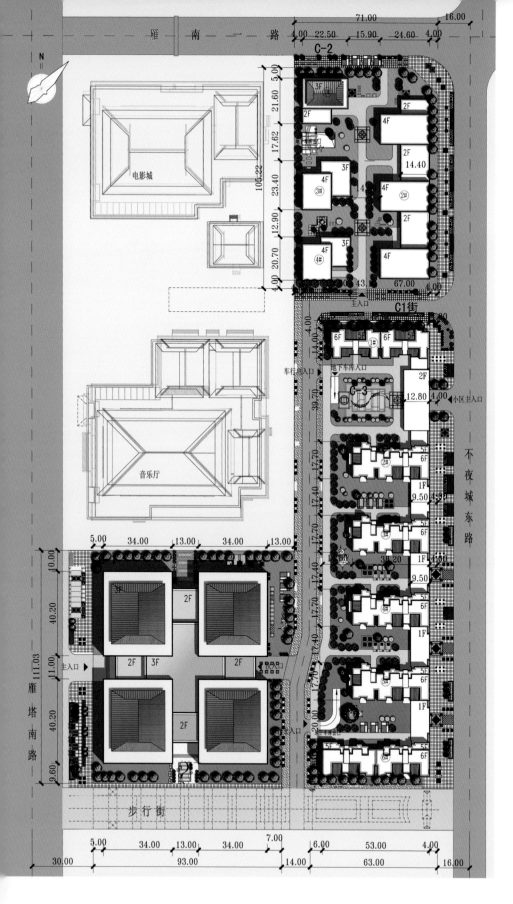

曲江通善坊

QUJIANG TONGSHAN COMMUNITY

建设单位：陕西新龙房地产开发有限责任公司
建筑规模：办公地上 5 层，住宅地上 6 层，
　　　　　　占地 45 亩居住区
建筑面积：总建筑面积 3.25 万 m²
方案设计：屈培青 窦勇 徐健生 刘晓菲 宋思蜀
工程设计：屈培青 贾立荣 窦勇 李晓鸿 高莉
　　　　　　毕卫华 季兆齐

项目简介：

　　曲江大唐不夜城 C 地块，位于西安市大雁塔南侧，是整个大唐不夜城商贸区的一个子项，总用地 3hm²，总建筑面积 71275.8m²，是集商业，办公，居住为一体的综合建筑群。

　　在建筑布局中，从关中民俗建筑的营造特色中吸取精华，将传统街区的尺度、院落空间氛围、青砖灰瓦的肌理，传统照壁符号等，通过提炼与整合，运用于建筑的形态、色彩、肌理中，从而将传统的文脉与神韵进行了抽象的演绎。虽为现代建筑，但通过简约的手法，实现了与传统精神的共存，既保留了传统建筑的风貌，又赋予了现代材料的肌理，用现代建筑的手法去反映传统民居的建筑理念，新的建筑既融入传统，也被赋予了新的内涵。

　　总之，项目在延续城市建筑风貌的同时，也走出了传统与现代结合的民风民俗之路。

01 | 03 | 04
02

01. 规划总平面图
General Plane
02. 住宅实景 （摄影：常小勇）
Residential Building Street Photo
03. 商业局部效果图
Commercial Building Rendering
04. 主入口效果图
Main Entrance Rendering

长征左邻右舍

CHANGZHENG ZUOLINYOUSHE
(NEIGHBOR) COMMUNITY

建设单位：西安长征房地产发展
　　　　　有限责任公司
建筑规模：地上 30 层，地下 1 层
建筑面积：总建筑面积 63000m²
方案设计：屈培青　常小勇　窦勇
工程设计：屈培青　常小勇　窦勇　王晓梅
　　　　　高莉　毕卫华　季兆齐
获奖情况：全国优秀工程勘察设计行业奖
　　　　　三等奖
　　　　　陕西省第十四次优秀工程设计
　　　　　二等奖

项目简介：
　　长征左邻右舍工程位于西安市建西街，建筑面积 64000m²，分为东西两幢商住楼，其中东楼一层为商业及停车，二层以上为 5.2m 挑空跃层，共 15 层。西楼一、二层为商业，三层以上为 5.2m 挑空跃层，共 15 层。

　　本工程是在人口和商业密集区拆迁后新建的两栋商住楼，外部环境复杂，因此本设计中引入空中花园、阳光走廊、私家花园、三层立体空间，从而弱化地块狭小，大面积环境体系无法实现的问题，有效地改善了高层环境，5.4m 风格跃层的独特设计，使所有动静之间，干湿之间、主客之间……统统归结在一介木梯之间，楼梯用韵律链接着两个空间，创造出富有差异的空间。其中东楼为减少北侧已建住宅的影响，采用层层退台的形式，既丰富了建筑形式，又使得空间布局相应变化。建筑造型采用板块组合，建筑风格简洁明快，造型上力求超越居住建筑的老面孔，追求简洁、流畅、大气的形态，具有强烈的现代感。糅合现代建筑视觉理念，外墙采用玻璃与实墙的材质对比，阳台的外墙、阳台栏板的凹凸对比，建筑内凹与外凸的造型对比，不仅形成了光与影的和谐韵律，同时也造就了外立面明快、活跃的气氛。清新、淡雅又不失高贵的蓝、黄、白的色调，既有大气的整体感觉，又不失耐人回味的细部雕琢，挺拔的垂直线与多变的水平线相结合，具有很强的视觉冲击力，体现了一种纯净、大气的风范，有着浓郁的时代气息和生活气息。运用不同层数的建筑实体

组合，使建筑形体与高度随空间布局而变化，同时围合空间也相应变化，实体本身自立面上的玻璃与顶部独特造型，极大地丰富了形体表现力，同时使围合空间的感受也更为多样。既丰富了建筑形式，又使得空中庭院、私家花园、阳光走廊、风格跃层等多层空间有序链接，弱化沟通障碍，使人与人之间的交流无限蔓延。邻里之间再也不是木然相对，老死不想往来，亲人之间放弃空间的局限，更多机会体会其中个味，左邻右舍的房屋设计，已成为人们心灵相通的阵地，让居住在这里的人们的心走得更近，告别冰冷的水泥建筑，让空间为情感助兴。

01. 住宅立面图　　（摄影：杨超英）
Residential Building Elevation
02. 住宅局部透视图　（摄影：屈培青）
Residential Building Perspective
03. 规划总平面图
General Plan

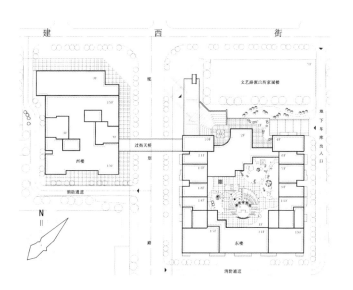

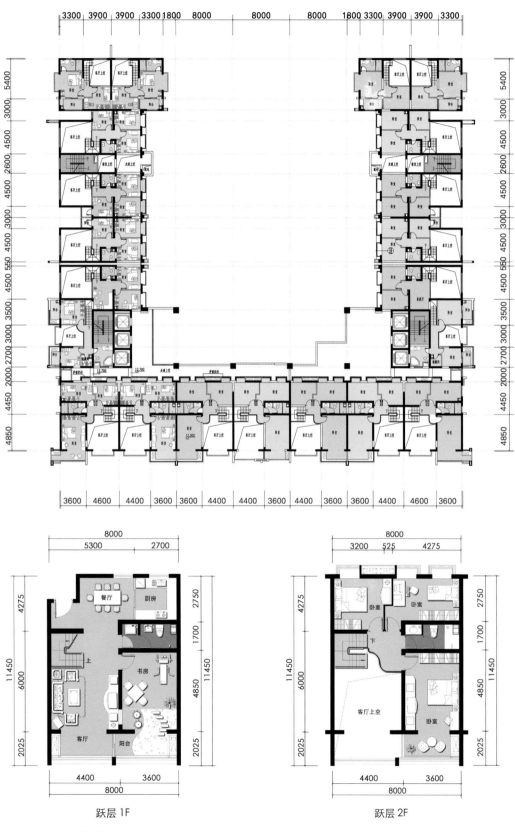

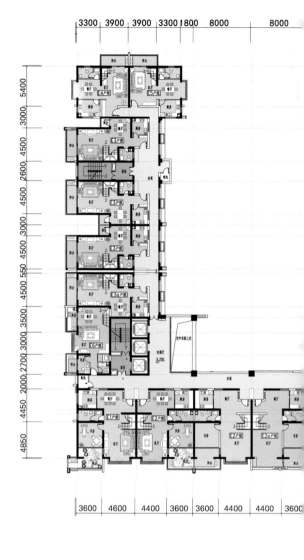

跃层 1F

跃层 2F

01、02. 住宅平面图
Residential Floor Plan

03、04. 住宅户型图
Residential Unit Floor Plan

05. 住宅单体透视图 （摄影：屈培青）
Residential Building Perspective

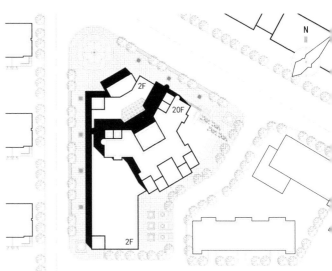

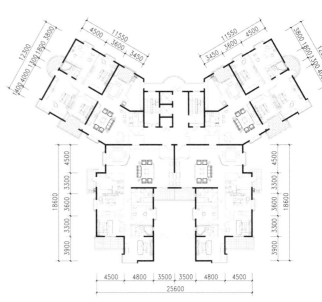

红叶大楼
HONGYE BUILDING

建设单位：西安高科实业股份有限公司房地产分公司
建筑规模：地上 18 层，地下 1 层
建筑面积：总建筑面积 23000m²
方案设计：屈培青 张超文 陈昕
工程设计：屈培青 张超文 单桂林 高莉 毕卫华 季兆齐
获奖情况：陕西省第十一次优秀工程设计三等奖

01

02	04	05
03	06	

01. 红叶大楼实景照片　（摄影：甲方供）
Hongye Building Street Photo
02. 红叶大楼总平面图
Hongye Building General Plan
03. 红叶大楼标准层平面图
Standard Layer Floor Plan
04、06. 红叶大楼实景照片（摄影：屈培青）
Hongye Building Street Photo
05. 红叶大楼入口照片　（摄影：屈培青）
Entrance Street Photo

紫薇大厦

ZIWEI BUILDING

建设单位：西安紫薇地产开发有限公司
建筑规模：地上 24 层，地下 1 层
建筑面积：总建筑面积 28500m²
方案设计：屈培青 常小勇
工程设计：屈培青 常小勇 王晓玉 高莉
　　　　　毕卫华 季兆齐

01、03. 紫薇大厦实景照片（摄影：屈培青）
Street Photo
02. 紫薇大厦首层平面图
1st Floor Plan

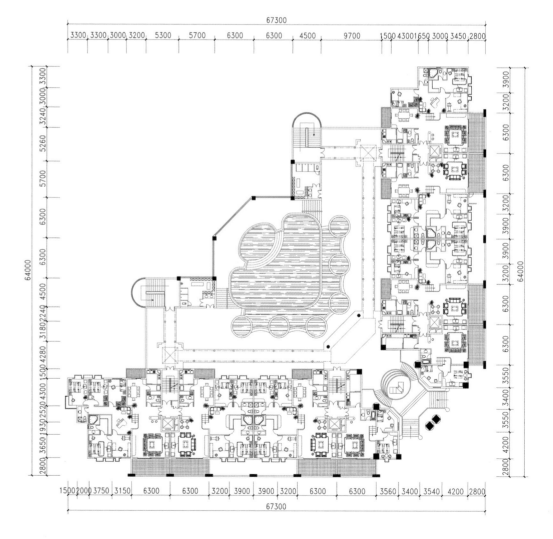